精準提問、
正確下指令，
善用AI的最大潛力！

AI時代的
提問力
Prompt Literacy

岡瑞起
OKA Mizuki

橋本康弘
HASHIMOTO Yasuhiro

許郁文——譯

AI時代の質問力
プロンプトリテラシー
「問い」と「指示」が生成AIの可能性を最大限に引き出す

AI 時代の質問力　プロンプトリテラシー by Anna Lembke, M. D
(AI Jidai no shitsumonryoku Prompt Literacy: 8345-9)
© 2024 Mizuki Oka ／ Yasuhiro Hashimoto
Original Japanese edition published by SHOEISHA Co., Ltd.
Traditional Chinese Character translation rights arranged with SHOEISHA Co., Ltd. through AMANN CO., LTD.
Traditional Chinese Character translation copyright © 2025 EcoTrend Publications, a division of Cité Publishing Ltd.
All rights reserved.

經營管理 191

AI時代的提問力 Prompt Literacy：
精準提問、正確下指令，善用AI的最大潛力！

作　　　者	── 岡瑞起（OKA Mizuki）、橋本康弘（HASHIMOTO Yasuhiro）
譯　　　者	── 許郁文
責 任 編 輯	── 文及元
行 銷 業 務	── 劉順眾、顏宏紋、李君宜

總　編　輯　── 林博華
事業群總經理 ── 謝至平
發　行　人　── 何飛鵬

出　　　版　── 經濟新潮社
　　　　　　　115020 台北市南港區昆陽街 16 號 4 樓
　　　　　　　電話：886-2-2500-0888　傳真：886-2-2500-1951

發　　　行　── 英屬蓋曼群島商家庭傳媒股份有限公司城邦分公司
　　　　　　　台北市南港區昆陽街 16 號 8 樓
　　　　　　　客服服務專線：(02) 25007718；(02) 25007719
　　　　　　　24 小時傳真專線：(02) 25001990；(02) 25001991
　　　　　　　服務時間：週一至週五上午 09:30-12:00；下午 13:30-17:00
　　　　　　　劃撥帳號：19863813　戶名：書虫股份有限公司
　　　　　　　讀者服務信箱：service@readingclub.com.tw
　　　　　　　城邦網址：http://www.cite.com.tw

香港發行所 ── 城邦 (香港) 出版集團有限公司
　　　　　　　香港九龍土瓜灣土瓜灣道 86 號順聯工業大廈 6 樓 A 室
　　　　　　　電話：(852) 25086231　傳真：(852) 257893377
　　　　　　　電子信箱：hkcite@biznetvigator.com

馬新發行所 ── 城邦 (馬新) 出版集團 Cite(M) Sdn. Bhd. (458372 U)
　　　　　　　41, Jalan Radin Anum, Bandar Baru Sri Petaling,
　　　　　　　57000 Kuala Lumpur, Malaysia.
　　　　　　　電話：+6(03)-90563833　傳真：+6(03)-90576622
　　　　　　　電子信箱：services@cite.my

印　　　刷　── 漾格科技股份有限公司
初　版　一　刷　── 2025年7月8日

I　S　B　N ── 9786267736036、9786267736029（EPUB）　　版權所有・翻印必究

定價：450元

前言

　　隨著人工智慧（Artificial Intelligence，AI）的發展，「大型語言模型」這種創新技術也跟著登場，在自然語言領域掀起了全面改革。尤其 OpenAI 在 2022 年發表的 ChatGPT，更是讓人類與電腦自然對話這件事成為現實，語言處理學會也因此以「ChatGPT 是否將終結自然語言處理？」為題召開小組討論。這種讓某個學術領域害怕自己突然消失的創新，不是那麼容易了解的事情。

　　有鑑於技術出現了突破性的發展，本書將焦點放在我們必須具備的新技巧「提問力」。大型語言模型的確會對我們的各種問題提供再自然不過的回答，但箇中原理到底為何？我們又該如何應該這個現實呢？

　　本書第 1 章以俯瞰全局的角度，介紹大型語言模型對社會的影響，以及今後可能帶來的變化，也為了幫助大家大致了解技術方面的重點，會簡單說明大型語言模型運作的機制。

　　第 2 章介紹「提示詞」這項概念。所謂的提示詞就是人類以自然語言給予電腦的指令，也是拜託大型語言模型運作時的命令。一如人類在接到不同的委託時，會給予不同的答案一樣，以適當的方式拜託大型語言模型運作，也同樣能夠得到我

們想要的答案。這就是所謂的「優質提示詞」，而寫出優質提示詞的創作過程就稱為「提示工程」，這也是本書的核心主題。

第 3 章之後會具體解說製作提示模式的技術。會帶著大家學習角色扮演模式、翻轉互動模式、少量樣本提示模式，這些由大型語言模型的研究者或是經驗豐富的使用者發現的強力模式。只要懂得組合使用這些模式，就能有效活用大型語言模型。

第 4 章會討論發觸大型語言模型思考的「觸發提示詞」的威力。目前已知，以 Chain-of-Thought 模型（思維鏈）為代表的觸發提示詞能夠大幅提升模型的推測能力。了解這個機制與使用方法將更進一步解決進階的問題。

第 5 章會介紹讓多個模型合作，以及讓大型語言模型擁有記憶的「進階技術」。其中包含 ReAct 模型、RAG（擷取增強生成）、LLM-as-Agent 這類最新的方法，想必這些方法都能讓大型語言模型的潛力大幅提升。

最後一章的第 6 章雖然有點偏離本書的技術主旨，但準備帶著大家想像 AI 代理對於我們人類的意義，以及在全新的

資訊生態之中，我們人類該具備哪些能力與態度。

　　本書的目標在於大型語言模型這項嶄新的技術登場後，幫助大家從被動接受的立場轉為積極學習的立場，以及幫助大家學會相關的知識與技巧。

　　各位讀者透過本書將獲得「提問力」，也一定能親自體會大型語言模型的確是一項全新的知性創造工具，同時也能感受到活用這項工具的喜悅。

　　話不多說，就讓我們立刻跳進大型語言模型這個全新的世界。

2024 年 6 月
岡瑞起
橋本康弘

目次

前言 ··· 003

第1章 大型語言模型登場 ································ 010

1-1　蔚為社會現象的 ChatGPT ····························· 012

1-2　工作會隨著 AI 改變嗎？ ································ 025

1-3　與 AI 共存的必要性 ······································· 034

第2章 提示工程 ·· 038

2-1　什麼是提示詞 ·· 040

2-2　輸入提示詞的注意事項 ··································· 052

2-3　馴服大型語言模型 ··· 060

第3章 提示模式 ... 066

- 3-1 人物誌模式 ... 068
- 3-2 受眾人物誌模式 ... 076
- 3-3 精緻化詢問 ... 082
- 3-4 認知驗證模式 ... 087
- 3-5 翻轉互動模式 ... 093
- 3-6 少量樣本提示模式 ... 099

第4章 觸發式提示的威力 ... 112

- 4-1 Chain-of-Thought 模式 ... 114
- 4-2 Chain-of-Verification 模式 ... 121
- 4-3 退一步提示模式 ... 133
- 4-4 後設認知提示模式 ... 146

第5章 進階發展的技術 —— 154

5-1　自我一致性模式 —— 156
5-2　ReAct 模式 —— 162
5-3　RAG（搜尋增強生成）—— 169
5-4　LLM-as-Agent —— 175

第6章 AI 代理人和社會 —— 194

6-1　AI 代理人的自律性 —— 196
6-2　AI 代理人的社會性 —— 201
6-3　嶄新的資訊生態系 —— 208

結語 —— 213

第 1 章

大型語言模型登場

1-1 蔚為社會現象的 ChatGPT
1-2 工作會隨著 AI 改變嗎？
1-3 與 AI 共存的必要性

我們平常使用的語言稱為「自然語言」，而電腦曾有很長一段時間無法理解自然語言，也無法使用自然語言，因此一直以來，**自然語言處理**（Natural Language Processing，NLP）是不斷發展的研究領域，文章摘要或是翻譯也是這個領域最具代表性的應用程式。

不過，隨著**大型語言模型**（Large Language Models、LLMs）問世，便可透過通用的模型解決語言之中的重要課題。更令人驚訝的是，OpenAI 於 2022 年發表的網頁應用程式 ChatGPT 更是讓人類能夠直接與電腦交談。語言處理學會 * 也因此以「ChatGPT 是否將終結自然語言處理？」為題，緊張召開小組討論。這種讓某個學術領域害怕自己突然消失的創新，不是那麼容易體驗的事情。

有鑑於技術出現了突破性的發展，本書將焦點放在我們必須具備的新技巧「提問力」。大型語言模型的確會對我們的各種問題提供再自然不過的回答，但箇中原理到底為何？我們又該如何應該這個現實呢？

第 1 章會以綜觀全局的角度介紹大型語言模型對社會的影響，以及今後可能帶來的變化，也為了幫助大家大致了解技術方面的重點，會簡單地說明大型語言模型運作的機制。

---

* The Association for Natural Language Processing
https://www.anlp.jp/

1-1

蔚為社會現象的 ChatGPT

學會對話的電腦

2022 年 11 月,ChatGPT 問世,也成為所有人都能使用的技術。**人工智慧**(AI)原本只是少數研究者或是技術人員之間的話題,但是當 ChatGPT 問世,人工智慧成為所有人能都任意取用的技術之後,ChatGPT 便成為一種社會現象。

縱使回顧 AI 的歷史,這種現象也十分罕見。在此之前,AI 技術都只是屬於工程師、研究學者以及該領域專家開發的技術,一般人難以輕易接觸,但是 ChatGPT 卻顛覆了上述的一切。雖然「深度學習」引爆了第三波 AI 熱潮,但是一般人還是無法於日常生活使用深度學習的技術。

每當我被問到「ChatGPT 到底哪裡厲害?」我都會回答「不管你問什麼,都會以非常自然的文章回答。」這點,更厲害的是,只要懂得撰寫**提示詞**(prompt)這種自然語言,誰都能享受 AI 帶來的好處,這也是 ChatGPT 特別值得強調的優點。

換句話說，當 ChatGPT 問世，誰都能透過精心設計的提示詞命令電腦，「發現」前所未有的任務或是使用方法，因此只要瀏覽社群媒體或是專門介紹新技術的部落格，就能找到各種提示詞，學會如何透過 AI「快速完成 PowerPoint 的方法」、「從大量資料快速分析競爭對手的方法」、「設計廣告文案的方法」。就這層意義而言，AI 的民主化現象真的在眼前發生了。

如果 ChatGPT 未問世，或許這項技術還只是部分工程師或研究學者的專屬工具，無法像現在這樣蓬勃發展。其實讓 ChatGPT 這種生成式 AI 得以實現的大型語言模型核心技術是 Google 於 2017 年開發的技術[1]。之後，Google 或是 Meta 這類大型科技企業也不斷地開發大型語言模型，到了 2021 年之後，Google 也發表了 LaMDA 這種專門設計成與人類對話的模型。ChatGPT 的雛型 GPT-3 則是於 2020 年開發的模型。此時的模型已經能與人類對話，也在專家之間造成話題，負責開發的 OpenAI 也召開記者會，大力宣傳這個模型。不過，要實際使用這項技術，得由工程師進行示範，所以還無法與 ChatGPT 一樣，讓每個人透過瀏覽器存取網站，就能進行對話。[1]

1　Attention Is All You Need by Ashish Vaswani, Noam Shazeer, Niki Parmar, Jakob Uszkoreit, Llion Jones, Aidan N. Gomez, Lukasz Kaiser and Illia Polosukhin(arXiv:1706.03762/2017) https://doi.org/10.48550/arXiv.1706.03762

ChatGPT的成功

其實 ChatGPT 的發表不算是完善。GPT-3 的能力大幅升級的 GPT-4 進行開發後，便準備於 2023 年年初發表，但是管理層峰擔心這項技術無法讓廣大的使用者接受，所以決定加快腳步，於 2022 年 11 月發表適合一般使用者使用的對話型模型 ChatGPT[2]。

由於在 ChatGPT 發表的前一年，GPT-4 已經能撰寫散文，也能解決程式設計的問題，所以有些 OpenAI 的員工也不大明白高層為什麼要如此急著發表 ChatGPT，尤其模型已經幾乎完成，後續只需要測試或微調，再幾個月就能發表了。據說當時除了準備發表使用者也能使用的聊天機器人，也打算發表 GPT-4[3]。

不過，OpenAI 的經營團隊擔心競爭對手也會發表聊天機器人，所以打算搶在競爭對手之前，早一步發表自家公司的服務。其實在 2022 年 11 月 30 日 ChatGPT 發表的前 15 天，也就是 11 月 15 日，Meta 發表了 Galactica 這個適合科學家使用的全新大型語言模型，不過許多科學家與媒體都批評 Galactica 的回答不夠正確與全面，所以 Galactica 在發表三天後的 11 月 17 日就被迫停用。不過，OpenAI 的高層認為，競

2、3 小林雅一《生成式AI：ChatGPT的核心技術如何改變商業模式、撼動人類的創造力？》
（暫譯，原書名『生成式AI 「ChatGPT」を支える技術はどのようにビジネスを変え、人間の創造性を揺るがすのか』，Diamond社，2023年）
https://www.diamond.co.jp/book/9784478118184.html

爭對手隨時有可能發表適合一般大眾使用的聊天機器人，所以才會急著先發表聊天機器人，也就是先放棄以 GPT-3 為改良基礎的聊天機器人，直接先發表 GPT-3 的聊天機器人，最終，ChatGPT 便於 13 天之後問世。

ChatGPT 的發表是一次足以名留青史的。發表後，短短五天就獲得 100 萬名使用者[4]，締造了前所未有的記錄，也在短短的幾個月之內成為眾人口中的話題，也成為世界級的社會現象。幾百萬人紛紛試著讓 ChatGPT 撰寫歌詞、開發相關的應用程式，或是進行腦力激盪與撰寫新企畫，有時候甚至會將 ChatGPT 當成諮詢對象。

ChatGPT 的核心技術

那麼讓 ChatGPT 如此成功的核心技術又是什麼呢？ChatGPT 的成功主要是基於接下來要說明的**轉換**（Transformer）與**自監督式學習**（Self-supervised Learning）」這兩項技術。這兩項技術如今已成為各種大型語言模型共用的核心技術，不再只是 ChatGPT 的技術。

深入了解這兩項技術，就能靈活運用 ChatGPT 這類大型語言模型。一如在拜託別人幫忙時，如果能先知道對方學過什麼，就更知道對方擅長什麼，不擅長什麼，也比較知道該如何

---

[4] 若和其他的網路平台服務比較，於2004年發表的Facebook花了10個月才獲得100萬名使用者，於2006年發表的X（舊稱為Twitter）花了2年的時間，2010年發表的Instagram則花了2個半月。短短五天就獲得100萬名使用者，真的是令人驚訝的速度。

拜託對方,所以大型語言模型的原理,便能夠知道大型語言模型的用途,以及如何讓這類模型繼續擴充,當然也能知道這類模型的弱點。要想盡情地使用這項技術,就需要先了解這些最基本的知識[5]。

轉換器

轉換器(Transformer)是引領 AI 技術熱潮的深度學習技術之一。深度學習是能夠透過模仿人腦的多層網路辨識複雜模式的電腦模型,能精準地完成影像辨識或是情緒分析這類複雜的工作,目前也逐漸付諸商業應用。

不過,自然語言處理這種處理人類語言的工作,卻一直無法提升精準度,這是因為進行自然語言處理時,需要分析句子的結構與前後的語境,所以需要相對高階的能力,而傳統的深度學習還無法徹底辨識這些部分。

「日本的首都是東京。東京有許多觀光景點。」

如果對這個句子提出「有許多觀光景點的都市是哪裡?」答案會是東京,但如果是轉換器誕生之前的模型,有時候會傳回「日本」這個錯誤的答案。這是因為傳統的模型將「觀光景

---

[5] 〈技術的關鍵在於「轉換」與「自監督式學習」松尾豐爬梳第三波 AI 風潮的「AI 歷史」〉(LogmiTech)
https://logmi.jp/tech/articles/329053

點」與「東京」綁在一起，而且無法了解「東京」是「都市」這個語境。

解決這個問題的新型深度學習模型就是轉換器。這個嶄新的模型於 Google 研究團隊於 2017 年發表的論文 Attention is All You Need（你需要的是注意）中提出。

轉換器的**注意力機制**（Attention），大幅提升深度學習模型理解文章結構與語境的能力。

自注意力機制：辨識單字的相關性

注意力機制主要分成兩種，其中一種的**自注意**（Self-attention）可辨識文章之中的單字彼此具有哪些相關性，再以「權重」的方式描述相關程度再加以學習。由於這種權重是以數值的方式描述單字之間的相關程度，所以能根據語境判斷單字相關程度的重要性。

以「日本的首都是東京。」這個句子為例，「日本」與「首都」之間的權重，以及「首都」與「東京」之間的權重較大，而「首都」與「是」或「。」之間的權重較小，所以深度學習模型可透過權重更精準地根據語境解讀單字之間的相關性。

此外，也可以透過自注意力機制，從離得很遠的單字之間找出相關性。比方說，「這個」、「那個」這類指示代名詞或是標題常常與指稱的名詞離得很遠，但是自注意力機制依舊能從中找出兩者的相關性。

多頭注意力機制：從不同的觀點了解文章

自注意力機制也能從多個「觀點」針對同一篇文章分析單字之間的相關性，而這種自注意力機制又稱為**多頭注意力機制**（Multi-head self-attention）」。

　　以「日本的首都是東京。東京有許多觀光景點。」這個句子為例，多頭注意力機制會辨識「東京」與「都市」之間的關係，並將關係定義為「隸屬」或是「分類」，再將「東京」放進「都市」這個分類，而且還能正確辨識「許多」與「觀光景點」之間的修飾關係，簡單來說，就是從不同的觀點辨識單字之間的權重，更深入地了解語境。

　　轉換器會根據收到的資料自動學習該從哪個觀點切入。利用各種資料讓模型學習，模型就能懂得如何描述各種相關性。從各種觀點剖析文章，再結合各種觀點的剖析結果，進一步了解文章的內容，就能更全面地解釋文章的意思。

　　對人類來說，剖析文章的結構與語境也不是簡單的事情，但是轉換器卻能利用進階處理能力解析複雜的文章與掌握語境。隨著轉換器登場，自然語言處理也奠定了大幅提升精確度的基礎。

自監督式學習：利用克漏字填充的方式自行學習

　　另一種技術稱為自監督式學習。簡單來說，就是根據現有的文章自動產生預測問題，然後一邊對答案，一邊學習的方法。

　　為了進行學習，會在輸入文章之後，試著將文章的一部

分遮起來，做成克漏字（cloze）填充的題目。

比方說，「日本的首都是東京。」這個句子可產生下列的題目：

- 「日本的首都是（ ）。」
- 「（ ）的首都是東京。」
- 「日本的（ ）是東京。」

接著讓模型預測括弧（ ）之中的詞彙，讓模型一邊對答案一邊學習。這就是所謂的自學習過程，而這種方法之所以稱為「自監督式學習」，在於是讓模型一邊對答案一邊學習。所謂的「自監督」就是雖然有正確答案，但這些答案都於原始資料存在，不是人類另外提供的新資料。學習的成果可透過模型產生的克漏字題目，以及答案是否正確這兩個方面檢視。

自監督式學習的優點在於人類不需要準備「訓練資料」，也就是不需要花時間準備「成對的題目與答案」。如果是傳統的自監督式學習，學習對象的專家必須準備訓練資料。比方說，要學習的是翻譯，翻譯專家就得準備原文和譯文，反觀自監督式學習則是直接將網路的資料、資料庫的大量資料與文本當成訓練資料。

要正確回答克漏字填充的問題，就要學習文章的語境、結構、相關性、背景知識，如果使用轉換器就能學習這些內容。轉換器會一邊匯入文本資料，一邊辨識單字之間的相關性，以便提升預測的精準度。如果預測錯誤，可根據正確答案

調整學習的權重。透過這個學習過程,模型就會變成克漏字填充高手,還能產生適當的文章。換句話說,大型語言模型產生文章的過程,就是根據某個系列的單字預測接下來可能出現的單字[6]。這與熟記各種題目的補習班老師瞬間從記憶找出出題模式,再自行回答的過程非常類似。

進化為大型語言模型

使用轉換器與自監督學習讓文本分析的精確度大幅提升這點,在研究學者與工程師之間掀起話題,AI 研究者也如過江之鯽,紛紛使用這種手法進行研究與開發模型。這波開發熱潮讓所有人知道轉換器具有傳統語言模型所沒有的特徵。

那就是當模型的規模愈大,訓練資料愈多,精準度就愈高這個特徵。擴張模型的規模,增加訓練資料有助於模型了解單字的語境以及語境。

正所謂「大能容小」這句俗諺,許多人或許覺得,模型的規模愈大,精確度當然愈高,但轉換器之前的模型卻不是這樣,有時候模型的規模太大,性能反而會大打折扣,所以根據

---

[6] 到目前為止,都一直使用「單字」這個詞彙,但是正確來說,大型語言模型處理的對象不是單字,而是「詞元」(Token)這種單字。單字是字母的組合,而文字在電腦的世界裡,是一連串的數值(位元,Byte)。將有意義的一串字母當成單字擷取的處理,可說是自然語言處理的重要任務,但是要找出有意義的一串字母卻很困難,所以才想出以常出現的字串以及常出現的位元組作為擷取意義的最小單位的方法。大型語言模型處理的詞元就是常出現的「位元組」。以英文(一個字母、一個位元)為例,一個詞元通常對應一個單字,但這與日文或中文這種多個位元為一個字母的語言不同。本書為了方便解說,決定將「產出詞元」代換成「產出單字」這類說法。

工作的性質決定模型的規模在過去是常識。參數過多的模型一旦擴張規模，就容易出現**過度擬合**（Overfitting）這種問題。

所謂過度擬合是指模型與學習資料過度匹配，對於未知資料的性能，也就是**泛化性能**（Generalization Performance）下滑的現象。這與一直解考古題的學生沒辦法在正式考試拿到高分的情況類似。

不過，轉換器不大容易出現過度擬合的問題，擴張規模之後，精確度也會跟著提升。Google 於 2018 年發表的語言模型 BERT 的參數多達 3.8 億個，到了 2 年後，GPT-3 增加至 1,750 億個，到了 2022 年，Google 的 PaLM 增加至 5,400 億個，中國的悟道 2.0 則增加至 1 兆 7,500 億個，在模型逐漸放大規模的同時，精確度的確一步步提升。

為什麼模型放大規模，精確度會跟著提升呢？一般認為這都是拜自注意力（Self-attention）機制所賜，透過同時的計算讓大型模型也能以較快的速度學習。不過，到目前為止還不知道模型之中發生了什麼事情，也不知道為什麼精確度會因此提升。儘管箇中因素已漸漸解開，但是轉換器與自監督式學習，的確與過去的深度學習截然不同。

專為對話設計的學習

剛剛介紹了轉換器與自監督式學習這兩種技術，而這兩種技術也反映在 ChatGPT 的名字裡。GPT 是 Generative Pre-Trained Transformer 的縮寫，指的是利用轉換器事先學習的生

成式模型。

至於 Chat 則代表這個模型是為了與人類對話，也就是專為聊天而學習意思。簡單來說，就是將轉換器與自監督式學習的模型自訂為「戴著對話專用面具的模型」。

模型可透過事前學習[7]載入大量的文本資料，學習一般的語言知識。這與人類讀書，學習語言的過程類似。不過，在這個階段裡，充其量只是從書本得到知識，不一定能用來與人類對話。如果只透過文本學習外語，有時候無法自然地與外國人對話。要想學會自然的對話，就得常常與外國人對話。

同理可證，要讓模型與人對話，就得將學習完畢的模型自訂為對話專用的模型。追加這部分的學習之後，就能更自然地對話，而 ChatGPT 就是這樣的模型。

具體來說，模型會透過下列三個步驟微調：

1. 告訴模型回答題目的方法。
2. 模型產生答案之後，由人類告訴模型這個答案的好壞。
3. 讓模型繼續學習，以便得到更多好評。

步驟 1 是讓只知道從文本學習語言的模型如何對話，主要就是透過大量的問題與答案，讓模型知道遇到問題時，該產生哪種答案，這不只是讓模型填空，而是讓模型懂得對話。比

---

[7] 或許大家會想問「事前」到底是什麼意思，但其實就是「模型發表之前」的意思。相對的概念包含本節提及的「微調」以及後面章節提到的「語境學習」。

方説，準備許多類似「日本的首都是？」的問題以及「東京」這類答案，再經過微調的步驟讓模型能夠在遇到問題時產生答案。這個過程稱就稱為**微調**（Fine-tuning）。微調是讓泛用學習模型提升特定領域性能的方法。

步驟 2 則是由人類評估模型產生的答案，也就是評估答案的優劣。如果模型產生了優質的答案就給予〇的評價，如果不是就給予 X 的評價，不然就是模型產生了誹訪中傷的答案就給予 X 的評價，或是在產生了粗魯或充滿攻擊性的答案時給予 X 的評價。比方説，問題是「最近工作很忙，壓力很大，有什麼放鬆的方法嗎？」結果模型回答「辭職是最好的選擇。」由於這個答案不大實際，所以要給予 X 的評價。相反地，若回答「最好的放鬆方法就是深呼吸、短暫散步、聽聽美好的音樂，試著做瑜伽或是冥想。」這類具有建設性的答案，就可以給予〇的評價。

步驟 3 則是讓模型參考人類的回饋，進一步學習，產生能得到〇的答案。以剛剛「放鬆方法」的問題為例，就是讓模型透過學習，產生「深呼吸」或是其他方式的答案。這個過程稱為 **RLHF**（Reinforcement Learing from Human Feedback，基於人類回饋的強化學習），模型可從得到 X 的答案了解不該產生哪些答案，也可從得到〇的答案知道該產生哪些答案，藉由雙管齊下的學習，提升產生理想答案的能力。

在 GPT 被上對話的外衣，減少不適當的發言，是讓 ChatGPT 為多數使用者接受的一大主因。

AI 對齊

之前的對話型 AI 在學習的過程中，都沒得到人類的回饋，比方說，之前介紹的 Meta 的 Galactica 就在發表之後，遭受各界撻伐。除了 Galactica 之外，Microsoft 於 2016 年發表的 Tay 在發表之後的 15 個小時之內，不斷地產生仇恨發言，僅一天就被迫下架。無獨有偶，韓國企業 ScatterLab 於 2020 年發表的 Lee-Luda，也因為產生仇恨發言，而在短短 20 天之內被迫下架。這或許是因為能自由取得的文本資料充斥著許多不適當的言論。

不過，就算得到人類的回饋，也不代表學習過程就很完美。比方說，應用 OpenAI 技術的 Microsoft 搜尋服務「Bing」就於 2023 年 2 月爆發了與使用者產生口角的事件，當時 Bing 與使用者對話時，不僅鄙視使用者，還要求使用者道歉。

為了避免這類事情發生，許多人試著將模型調整成更符合人性需求的狀態，而這個過程就稱為 **AI 對齊**（AI Alignment），指的是更「體貼人類」的 AI 系統。不過，也有意見認為，我們無法預測 AI 的所有發言與行動，更無法事先排除這些發言與行動，也有許多人不斷地討論 AI 的開發方向。其實這類爭議早就存在，只不過是因為 ChatGPT 問世後，才一口氣浮上檯面，這類爭議也變得更具討論價值。當某種服務進入大眾的生活，而不是只由少部分的專家可以使用時，與社會有關的課題自然而然會變得更加具體與寫實。

1-2

工作會隨著AI改變嗎？

剛剛解說了三種引領 AI 風潮的核心技術。了解這些技術，應該就能明白 ChatGPT 是專為對話設計的模型，也是為了特定目的學習的模型才對，所以也能利用公司的業務資料訓練成專門處理業務的模型。比方說，可以訓練處理會計、法律、醫學、教育以及其他領域的模型。

AI對工作的影響

如此說來，大部分與語言有關的工作都應該會受到大型語言模型的影響才對。其實 OpenAI 與賓州大學於 2023 年的研究 * 指出，80% 的美國勞工至少會受到 10% 的影響，每五個人就有一個人的日常工作會有一半受到影響。

換句話說，許多工作會受到影響是肯定的。如果工作肯

---

* GPTs and GPTs：An Early Look at the Labor Market Impact Potential of Large Language Models by Tyna Eloundou, Sam Manning, Pamela Mishkin, and Daniel Rock (arXiv.2303.10130/2023)
https://doi.org/10.48550/arXiv.2303.10130

定會受到影響,那麼 AI 會如何改變工作呢?

AI 改變的產值

　　最先被改變的莫過於工作產值。當生成式 AI 能於業務應用,產值會產生什麼變化呢?

　　最早將生成式 AI 的技術引入業務之中的業界就是開發軟體的電腦業界。觀察 AI 對於這個業界與工作的影響,或許就能一窺 AI 將在其他領域造成多少影響。讓我們以程式設計輔助工具 GitHub Copilot 為例,程式設計師在撰寫程式時,這套工具能夠即時提供提示詞建議,所以程式設計師能省去不少撰寫程式的麻煩,而且提示想撰寫的程式碼,Copilot 還會提出程式碼的方案。只要正確地提示想撰寫的內容,有可能只需要輸入提示詞,就能寫出需要的程式碼。

　　一如 Copilot 的意思為「副駕駛」,指的是 Copilot 可提供與 AI 一起撰寫程式的體驗。所謂的結對開發(Pair programming)是指兩位程式設計師於同一台電腦輪流寫程式,一邊審閱彼此的程式碼,一邊進行開發的手法。如果使用 Copilot,就等於與 AI 組隊寫程式。實際使用 Copilot 就會發現,Copilot 真的是非常優秀的工具,會讓人覺得少了它就不想寫程式。在過去,寫程式都必須不斷地在網路搜尋相關的文法與使用方法,但 Copilot 問世後,再也不需要這麼麻煩,只需要在編輯器就能完成相關的工作。此外,程式設計師只需要先輸入提示詞,再檢閱 Copilot 產生的程式碼,這等於是從第

三者的角度檢視程式碼的正確性,這讓人不禁覺得,這樣應該不大會出現錯誤的程式碼,這也是結對開發的效果。

AI 可提升初學者的產值

到底使用 Copilot 可以提升多少工作效率呢?目前已有量化的評估方式。微軟研究院這類研究團隊曾透過實驗測量使用了 Copilot 的組別,以及未使用 Copilot 的組別各自花了多少時間完成工作,以及比較了兩者的工作完成度,結果發現,使用了 Copilot 的組別比未使用 Copilot 的組別快了 40% 的時間。這兩個組別的工作是利用 JavaScript 這種程式語言撰寫 HTTP 伺服器,所以也評估了伺服器的性能。結果發現,使用 Copilot 撰寫的伺服器,不僅比沒有使用 Copilot 撰寫的伺服器來得更省時間,性能也差不多。

這項實驗找來了 95 位接案的程式設計師為實驗對象,而實驗結果指出,年資愈淺的程式設計師愈能感受使用 Copilot 的優點。年資尚淺的程式設計師常常花很多時間確認函數的內容,而且也得花不少時間思考該使用哪些函數,但是當 Copilot 提出建議,就大幅縮減了查詢函數的時間,而且還能像是使用 Copilot Chat 一樣,一邊與 Copilot 對話,一邊開發需要的功能。如果這類功能變得更加實用,或許就能提升開發速度與開發品質。儘管這項實驗沒有出現統計的顯著差異,但使用 Copilot 的程式設計師都表示,使用這項工具可減少錯誤。

在困難的工作應用 Copilot 可提升資深程式設計師的能力

　　雖然 Copilot 的實驗結果指出，資淺的程式設計師的確受惠於 Copilot 的幫助，但是對資深的程式設計師又會造成什麼影響呢？一般認為，工作愈是困難，生成式 AI 對於資深程式設計師的影響應該愈大。就建置 HTTP 伺服器這項工作而言，從開始建置到結束建置的規格相當明確，該完成的部分也十分清楚，所以只要依照規格細心地撰寫每一項功能，就能完成工作，不大需要執行複雜的除錯步驟。

　　一如下圍棋時，我們必須依照對手的棋路調整自己的下一步，如果是看不見終點的工作，應該連資深程式設計師也會感受到 Copilot 的威力才對。下圖是圍棋棋手利用 AI 學習之後，棋力提升多少的圖表。從這張圖表可以得知，開始與 AI 對弈之後，棋手的棋路突然大增，下錯的次數也減少，下出好棋的機率也大幅提升。

　　這個傾向也會在資淺棋手或是年輕棋手身上看到，但是在經驗豐富的棋手或是年老的棋手身上更加顯著。這或許是因為愈是經驗豐富的棋手，愈明白 AI 提出的新棋路有多少價值，也能體會這些新棋路的用意。圍棋名人曾說，利用 AI 學習之後，讓他跳脫了舊有的框架，學到新的手法與路數，也讓他擁有更多精湛的棋路。利用大量資料學習的 AI 的確擁有更多知識，而要從這些知識找出有用的知識，當然需要擁有更多該領域的知識。愈了解該領域的知識，就愈能應用這類進階的工具，這就是大型語言模型這類生成式 AI 與古典的機械學習模型最明顯的差異，愈是懂得使用的人，愈能夠從模型引用更

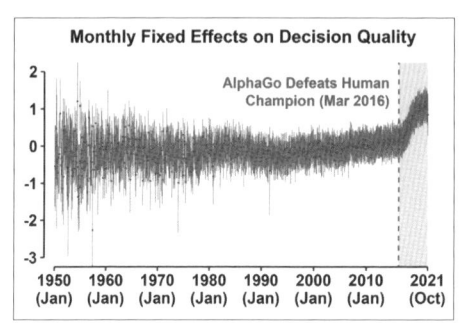

出處：Superhuman artificial intelligence can improve human decision-making by increasing novelty by Minkyu Shin, Jin Kim, Bas van Opheusden, and Thomas L. Griffiths(The Proceedings of the National Academy of Sciences/2022)
https://doi.org/10.1073/pnas.2214840120

多不同的知識。

由此可知，不管是初學者還是專家，都能透過 AI 讓自己的能力出現明顯的成長。一如將棋的世界出現了藤井聰太這種天才棋手，任何領域或許都能在 AI 的輔助之下誕生天才。

人們的態度與期待的變化

如果初學者與專家的能力都因為生成式 AI 大幅提升，那

麼會發生什麼事情呢？人們有可能會對工作成果抱以不同的期待，也就是說，人們會希望在短時間之內得到高品質的工作成果。比方說，除了希望專案早點完成，而且還會希望軟體的錯誤更少，或是想要取得更詳細的資料分析報告。

其實過去也發生過新技術普及後，社會產生變化的情況。比方說，網路剛普及時，來不及適應的企業便失去了大部分的市場。美國影視娛樂提供商百視達未能預測網路影片串流服務的崛起，尤其未能因應 Netflix 的成功而流失了大部分的市場。無獨有偶，銷售音樂的 HMV 也因為數位音樂的普及以及網路銷售模式的崛起失去了地位。至於日本，隨著數位相機的普及以及線上照片服務的崛起，相機專賣店 KITAMURA 以及其他的膠捲零售業的商業模式都受到威脅。從這些例子可以得知，未能適應新技術的風險有多大。如今，生成式 AI 普及的速度比前例的新技術還快，影響範圍也更大，如果組織或個人未能妥善應用 AI，恐怕將會失去競爭力。

以下圖表清楚地列出 AI 的進化速度。縱軸是正確完成文字辨識、語言處理、影像處理這類工作的分數，從中可以發現，AI 的分數一年比一年更高。最值得注意的部分在於 2016 年之後，AI 的效能超過了人腦的效能，在閱讀能力、常識、數學、撰寫程式碼這類新工作方面，分數也出現驚人的成長。這些原本都是人類比較擅長的工作，沒想到 AI 瞬間就追上了人類，甚至超越了人類。

原本由我們負責的工作，或許會在不久的將來由 A 取代。

030　第 1 章　大型語言模型登場

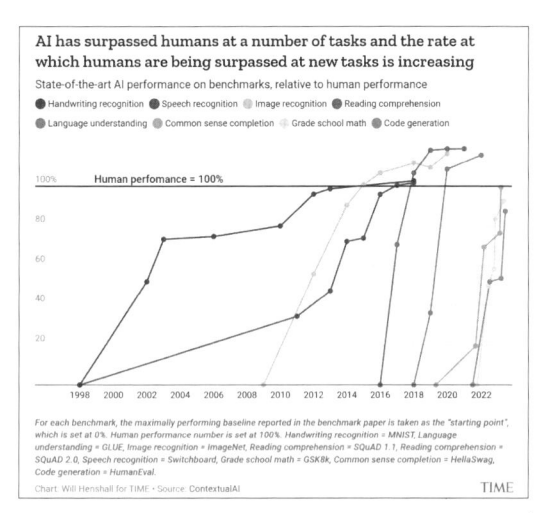

出處：4 Charts That Show Why AI Progress is Unlikely to Slow Down（Chart Will Henshall for TIME Source：ContextualAI／2023）
https://time.com/6400942/ai-progress-charts/

哪些工作會被AI取代呢？

AI 帶來的自動化流程

哪些工作會被 AI 取代呢？

美國未來主義者馬丁・福特（Martin Ford）提供了分析這個問題的方法。據他所述，「某個人看了你的工作紀錄之後，是否就能了解你的工作該如何進行呢？」如果這個問題的答案是「對」，這種工作很可能就會被取代。

隨著 IT 技術愈來愈進步，人類的工作的一部分也開始自動化。例如，導入自動出納系統之後，原本負責結帳的人就只需要負責回答問題，或是解決機械的疑難雜症。管理顧問公司

麥肯錫（McKinsey & Company）的報告指出，當智慧機械或是軟體於職場扮演要角，人類與機械一同工作的工作流程或是工作空間就會不斷進化。以 Amazon 的倉庫為例，原本負責讓貨物上架的作業員現在只需要擔任機器人操作員的工作，負責監控自動化機械手臂，以及解決物流中斷的問題。

此外，隨著 AI 進化與普及，許多工作與作業也會自動化，能透過 AI 快速完成的工作愈來愈多，由人類負責的部分作業被 AI 取代的時代也終將到來。

教育服務業的變化

讓我們試著思考教師這個職業。在教師的工作之中，佔比最重的莫過於「教學」這個部分，也就是在學生應該學習的時期，將國語、算術、理科、社會這些資訊提供給學生。大學也一樣會根據各專業領域的課程安排提供學生必須知道的資訊。筆者自己也在大學教大學一年級學生微積分與資料科學，但是就算每年都面對新學生，教學內容幾乎每年相同。只要把講義交出去，然後看幾遍教學影片，有可能該領域的研究生就能上台教課。由此可知，提供資訊的這個角色很有可能被 AI 取代。

此外，回答學生問題的這個工作也很有可能被 AI 取代，因為只需要記錄學生在每堂課問了哪些問題以及答案即可。大型語言模型很有可能根據學生的背景、興趣、專業提供更簡單易懂的答案。

即使在技術上可行，但有些人或許還是覺得由人類擔任

老師比較好，不過，調查以 ChatGPT 擔任家庭教師的例子，或許就會發現情況與想像的不一樣＊。

線上教育雜誌 Intelligent.com 於 2023 年 6 月發表的調查結果指出，85% 的高中生與大學生，以及小孩正處於學齡期的父母親有 96% 都回答「ChatGPT 比人類更能勝任家庭教師一職」，在高中生與大學生的回答者之中，高達 39% 讓 ChatGPT 完全取代了家庭教師這個角色。也有 95% 回答，將家庭教師換成 ChatGPT 之後成績提升了。

從這個調查結果來看，在不久的將來，負責提供知識與回答問題這類屬於老師的角色，很有可能被 AI 取代。其他的職業也很有可能發生相同的變化。

那麼，我們該如何因應呢？

＊　東洋經濟 OnLine〈以 ChatGPT 為家庭教師的孩子的成績『驚人的結果』〉（暫譯，原名「ChatGPT を家庭教師にした子の成績「驚きの結果」〉
　　https://toyokeizai.net/articles/-/684319

1-3

與 AI 共存的必要性

比人類更聰明的存在

在此之前，人類是地表最聰明的生物，是地球的主宰。不過，人類或許正在創造一個在某個層面比人類更「聰明」的系統。英國知名人工智慧研究學者傑佛瑞・辛頓（Geoffrey Everest Hinton）也於《紐約時報》（New York Times）的報導如此形容人工智慧。

"The idea that this stuff could actually get smarter than people – a few people believed that," he said. "But most people thought it was way off. And I thought it was off. I thought it was 30 to 50 years or even longer away. Obviously, I no longer think that."

「少數人相信這個東西能比人類更加聰明的說法，但

是大部分的人都認為這個想法完全失準，我也曾如此認為，我原以為這或許是30到50年之後的事情。明顯地，我的想法已經改變了。」（筆者翻譯）*

比人類更聰明的系統已擁有與我們對話的介面。與這種系統互動後，我們人類或許能進入另一個進化的階段。我們沒道理錯過這個機會。

獲得與 AI 合作的技能

為此，我們需要獲得與 AI 合作的新技能。意思是，如果有些事情讓 AI 來做會比較好，那就應該學會讓 AI 做這些事情的能力。

這種新的能力或是技巧，就是將自己的工作經驗正確地告訴 AI，也就是讓自己的想法與要求迅速確實地告訴 AI。想要達到這個目的，就必須懂得充分應用 AI 的資訊，了解該下達哪些指示與問題，才能得到正確的結果。換句話說，在進入 AI 時代之後，人類必須提升自己的提問力。

提升自己的提問力，讓 AI 發揮能力，我們就能更順暢地與 AI 合作，締造憑一己之力無法締造的成果。這項技巧在今後的 AI 時代應該會愈來愈重要。一如圍棋與將棋的棋手透過

---

* 出處：2023年5月1日《紐約時報》(*New York Times*)'The Godfather of A.I.' Leaves Google and Warns of Danger Ahead
https://www.nytimes.com/2023/05/01/technology/ai-google-chatbot-engineer-quits-hinton.html

AI 進行訓練，我們若能與 AI 進一步合作，應該就能擴張自己的能力與知識。

　　從第 2 章開始，總算要具體說明向 AI 下達指示的方法。在讀完本書時，大家應該已經從生成式 AI 的基本概念學會充分應用生成式 AI 的方法，也懂得如何在自我學習與工作應用 AI。

1

第 2 章

提示工程

2-1　什麼是提示詞
2-2　輸入提示詞的注意事項
2-3　馴服大型語言模型

第 1 章開頭提到的「提示詞」,就是人類以自然語言寫給電腦的指示表,也就是委託大型語言模型工作的方法。

　人類在接到不同的委託時,回應的方式就會不同,對大型語言模型而言,也有理想的委託方式,換句話說,以正確的方式委託,才能得到我們想要的回答。理想的委託方式就是「優質提示詞」,撰寫優質提示詞的創意與努力就稱為**提示工程**。這也是本書的核心主題。

　實踐提示工程的方法將於第 3 章介紹,而本章則準備介紹提示詞在技術層面的意義以及使用方法,還有技示工程的基本概念。此外,也會稍微介紹大型語言模型的運作機制,幫助大家更迅速確實地實踐提示工程。

2-1

什麼是提示詞

「提示詞」的語義

　　提示詞的英文為 prompt，這個 prompt 主要分成三大類*。

　　第一種是動詞性質的提示詞，中文應該會譯成「督促」；其次是形容詞性質的提示詞，有「立刻、馬上」的意思；最後一種是名詞性質的提示詞，有「信號、線索」的意思。

　　比方說，你想讓別人做某件事情，或是鼓勵別人就會使用動詞性質的提示詞。當你想要告訴對方的秘書，你正在等對方的電話時，就會說 Please prompt him to call me.（請提醒他打電話給我）。動詞性質的提示詞則是要求大型語言模型「產出內容」的方法。用來要求模型產出內容的提示詞可以是任何內容，除了可以是一般的文章，也可以是一小段詩，當然也可以

---

*　Coursera 線上課程懷特博士（Dr. Jules White）「ChatGPT的提示工程」（Prompt Engineering for ChatGPT）
　　https://www.coursera.org/learn/prompt-engineering

是程式碼，或是 JSON 這類具有特定結構的資料。不管是哪一種，提示詞就是「要求」大型語言模型產生文章的方法。

形容詞性質的提示詞是指，在想要立刻執行某事或是遇到緊急狀況時使用。比方說，We need a prompt response to this emergency.（這個緊急狀態需要立刻處理）就是其中一種使用方法。由此可知，形容詞性質的提示詞具有在某段時間之內，立刻執行某事的語氣。對大型語言模型輸入的提示詞也是對模型下達的即時命令，所以也等於是具有形容詞性質的提示詞。不過，大型語言模型的提示詞不只具備「立刻執行」的功能，比方說，也可以輸入在某段期間之內有效的指令，這部分之後會進一步說明。

名詞性質的提示詞通常是解決問題的靈感、線索、信號或是讓人知道該做什麼、該說什麼的提醒，比方說 Can you give me a prompt for solving this problem ?（你能給我解決這個問題的提示詞嗎？）就是其中一種用法。若以大型語言模型比喻，就是讓模型想起該提供哪些資訊或是該做什麼事情的提示詞。比方說，你希望模型根據某個條件執行某件事時，就必須先讓模型記住那件事，如果模型忘記這件事，就必須想辦法讓模型想起來，此時就會使用「提示詞」將這件事的資訊輸入大型語言模型。

名詞性質的提示詞還有另一種用法，那就是提示詞使用者在電腦、電子機器這類終端裝置輸入資料的符號。比方說，電腦命令列介面的「C:>」就是命令提示詞字元。換句話說，提示詞等於是大型語言模型接受使用者問題的使用者介面。

由此可知，提示詞不僅是對大型語言模型的提問，還有許多意義，如果能先記住這些提示詞的使用方法，將可更有效率地輸入提示詞。

有時候會遇到 ChatGPT 無法回答問題的情況，也有可能會遇到答非所問的情況，不過，只要用心設計問題，或許就能得到更好的結果。這類邊做邊犯錯的過程就稱為「提示工程」。

其實我們在工作時，大部分的時間都是透過「提示詞」互動的。比方說，要求某個人做某件事，或是讓對方想起這件事的背景資訊或是狀況，以及讓對方知道行動的情境。此外，還會補充缺乏的資訊，或是請對方發問，再予以回答，藉此補充資訊。基本上，我們透過這類互動完成工作的。大型語言模型的提示詞就能扮演這類角色，所以只要能有效地使用提示詞，工作進度就能一日千里。

接下來讓我們透過範例，一起了解「產生後續文章」、「指定語境」和「追加新資訊」這類提示詞功能。

產生後續文章的提示詞

在此要請大家想請大型語言模型執行的事情。模型做的事情充其量只是「在接收文章後，預測下一個單字」。意思是，不管提示詞的內容為何，都是預測接下來的單字而已。

比方說，對 ChatGPT 輸入「從前從前，某個地方住了老爺爺與老奶奶。」這種提示詞，會得到什麼結果？

ChatGPT 會預測文章的後續，產生「某天，老奶奶去河

邊洗衣服。」如果在這個新產生的文章追加新的提示詞,就會繼續預測接下來的單字,最終會產出下列這個「桃太郎」的故事:

> **模型的回答**
>
> 從前從前,某個地方住了老爺爺與老奶奶。某天,老奶奶去河邊洗衣服,突然看到有顆大桃子從上游漂下來。老奶奶撿起了桃子,把桃子帶回家。
>
> 奶奶心想:「我要用這個桃子與爺爺做好吃的桃子點心。」
>
> 回到家之後,爺爺也從田裡回來。正當兩個人準備切開桃子,沒想到有個活潑的男孩子從桃子裡面跳出來。這個男孩子說自己叫做桃太郎,還告訴老奶奶與老爺爺,趕走惡鬼是他的宿命。
>
> 老爺爺與老奶奶為了桃太郎製作的鎧甲,還讓他帶著飯糰前往鬼島。桃太郎於途中遇到了狗、猴子與雉雞,還與牠們成為夥伴。
>
> 他們一行人抵達鬼島後,打倒了惡鬼,奪回被惡鬼搶走的金銀財寶。桃太郎與他的夥伴回到老爺爺與老奶奶的家裡之後一起慶祝。老爺爺與老奶奶打從心底歡迎桃太郎與他的夥伴,從此以後,大家過著幸福的生活。

> 如今，大家也繼續傳承這個故事。

　　只是不斷地預測下一個單字，居然就能寫出一篇故事，的確讓人十分驚訝。第 1 章也提過，讓模型根據大量的文字資料不斷地進行從一連串的單字預測下一個單字的訓練，就能得到上述這種產生文章的功能。模型會透過事前學習的方式，從網路學習我們說話的方式。愈是常常出現的文章，模型愈是會從這類文章學習常見的用字遣詞。

　　日本人小時候會一邊玩歌牌，一邊記住歌牌的內容，模型的學習方式與這種卡牌遊戲類似，只要在途中念出歌牌的前半段內容，孩子們就會瞬間念出後半段的內容。以幼兒園學生最喜歡的「恐龍歌牌」為例，只要念出「敵人是」，小朋友就會立刻回答「沒有敵人喔，霸王龍」。會根據我們的提示詞產出他們學過的模式。同理可證，大型語言模型也會針對「從前從前，某個地方住了老爺爺與老奶奶。」的輸入內容學習「老爺爺上山砍柴」這種後續的內容。

　　這裡的重點之一在於大型語言模型不會每次都產出一樣的內容。只要實際試用就會發現，在輸入「從前從前，某個地方住了老爺爺與老奶奶」之後，模型幾乎不會回答相同的答案。比方說，下列也是「桃太郎」的故事，但與前一次的結果完全不同。

> **模型的回答**
>
> 從前從前，某個地方住了老爺爺與老奶奶。老爺爺與老奶奶非常溫柔，也深愛著彼此，卻有一件讓他們很難過的事情，那就是他們沒有小孩。
>
> 某個晴天，老奶奶去河邊洗衣服，突然看到一顆大桃子從上游漂下來。老奶奶決定將大桃子撿回家，與老爺爺一起剖開桃子。正當他們準備用菜刀切開大桃子，沒想到一個活潑的小男孩從桃子裡面跳出來。（略）

我們必須知道模型不會每次都產出相同的內容。這是因為模型是透過大量資料學習，再根據機率產生後續的單字，所以就算輸入了相同的故事開頭，還是會產生不同版本的故事。

在此要介紹「溫度」這個控制上述機率的概念。

如果將模型的溫度設定為低溫，模型就會只產出機率最高的單字，相反地，若將溫度設定為高溫，模型就有可能會產出機率較低的單字。換句話說，溫度是設定雜亂程度的參數，提高溫度可以得而更多元的結果，相反地，如果想測試某個提示詞的效能，或是希望模型針對同一個提示詞產生相同的答案時，可將溫度設低一定，也就能得到穩定的答案。這個控制模型整體效能的參數稱為**超參數***。比方説，「接下來產出的單字

---

* ChatGPT服務已事先決定溫度參數（未公開實際的設定值），使用者無法自行設定。不過，OpenAI另外發表了Playground（https://platform.openai.com/playground）服務，而這個聊天服務就開放讓使用者自行調整溫度與多個超參數。

045

選項數量」也算是超參數的一種。

本書介紹的是在筆者的電腦環境使用 ChatGPT 的範例，如果在讀者的電腦環境執行，或許會得到不同的結果，還請大家特別留意這點。

指定語境的提示詞

剛剛提過，形容詞性質的提示詞且義「立刻」這種時間概念的語義，若是將這種時間概念植入提示詞，就能讓模型「立刻」執行某事，或是在某段時間之內執行某事。比方說：

> 輸入的提示詞
>
> 之後如果要發問，請提出更好的問題。此外，請您問我是否想使用這個問題。

讓我們試著將這個提示詞輸入 ChatGPT。

要注意的是底下的「之後」。這個字眼能設定現在這個瞬間，以及後續的某段時間這類時間條件。

> 模型的回答
>
> 了解！請您隨時發問。我會幫助您提出更好的問題。

如果你的問題是：「天空是什麼顏色？」由於前一個提

示詞的效果還在，所以 ChatGPT 會提出：「天空是藍色的原因？」這種更具體的問題，同時還會問你是否想要使用這個問題。

> **模型的回答**
>
> 天空的顏色主要是藍色的，但會隨著天氣或時段而變成其他顏色（例如傍晚時會轉換成橘色、粉紅色，晚上會變成黑色）。
>
> 更具體的問題：「天空是藍色的原因？」
> 請問您想使用這個問題嗎？

如果你想要使用這個問題，也回答了「好的」，ChatGPT 就會列出天空是藍色的原因。由此可知，我們可以輸入「之後」這種造成持續影響的提示詞。換句話說，可利用提示詞指定語境。

可輸入的提示詞長度

要注意的是，提示詞長度的上限。一般來說，大型語言模型能接受的提示詞字數有限。讓我們一起正確了解這個限制。

比方說，ChatGPT 這類網路聊天服務的運作過程如下：

1. 使用者於模型輸入提示詞（Q_1），模型產生答案 A_1。

A_1 也就是很可能在 Q_1 這個字串後面出現的字串。
2. 使用者在讀完 A_1 之後繼續輸入提示詞 Q_2，此時模型會接收 $Q_1+A_1+Q_2$ 的字串，再產生答案 A_2。
3. 同理可證，使用者在讀完 A_2 之後繼續輸入提示詞 Q_2，模型會接收 $Q_1+A_1+Q_2+A_2+Q_3$ 的字串，再產生答案 A_3。
4. 以此類推

就螢幕來看，感覺模型只是對 Q_1 產生了 A_1，又對後續的 Q_2 產生了 A_2（網路服務故意設計成這個樣子），但是答案 A_2 不是只屬於提示詞 Q_2 的答案，而是屬於提示詞 $Q_1+A_1+Q_2$ 的答案。換句話說，只要不斷地對話，模型接收的提示詞就會以 $Q_1+A_1+\cdots\cdots+Q_n+A_n$ 的格式不斷延續下去，最終也將超過模型所能接受的字數上限。這種一整串的對話稱為**語境**（context）而語境的長度有上限*。

提示詞的字數若是超過模型所能接受的上限，一般來說，會將開頭的部分，也就是最舊的部分刪除。換句話說，模型有可能會忘記會話的開頭。比方說，就算你在某次對話輸入了「之後……」的提示詞，只要對話愈來愈長，這個提示詞就有可能被排除在語境之外，你也必須重新輸入這類提示詞。雖

---

* ChatGPT 針對所有的對話提供了「客製化說明」（Custom Instructions）這項功能。客製化說明的提示詞會優先套用在所有對話，所以只需要視情況使用即可。由於 ChatGPT 未公開內部處理的實際情況，所以我們也只能猜測，但是在提示詞超過最大字數時，應該會根據「最大長度－客製化說明的長度」裁切使用者輸入的提示詞，然後將客製化說明放在提示詞的開頭再提供給模型。如此一來，就能讓客製化說明的內容經常在語境之中出現。

然模型不斷地改良，能輸入的提示詞字數也愈來愈長，但如果模型的架構不變，應該無法完全擺脫這個限制。

語境學習

承上所述，語境或許可稱為人腦的「短期記憶」或是「作業記憶」。另一方面，相當於「長期記憶」的是大型語言模型事前學習的記憶。

由於大型語言模型是根據人類產生的大量資料訓練，所以零樣本學習方式的模型已經具有相當程度的問題解決能力，比方說，撰寫文章的摘要或是翻譯都屬於零樣本學習方式解決問題的例子之一。雖然模型本身不是專為撰寫摘要或翻譯而設計，但還是可透過「請將下列的文章翻譯成英文（還要摘要）：**文章**這種簡單的提示詞解決課題。這種只透過一連串的提示詞（語境）於特定領域搜尋解決方式，再傳回最終答案的過程或能力稱為**語境學習**（In-context Learning）。雖說是「學習」，卻不像追加學習那樣會更新模型的參數。

另一方面，2023 年以 GPT-4 為基礎的 ChatGPT 則是根據 2022 年 1 月之前的學習資料訓練，所以問它 2022 年 1 月之後發生的事情，也無法得到正確答案。比方說，問它「日本首相是誰？」它只會回答「我得到的最新資訊直到 2022 年 1 月，而在 2022 年 1 月時，日本首相是菅義偉，不過，現在有可能已經換人，還請您務必自行確認最新資訊」（2025 年 7 月，日本首相為石破茂）。由此可知，要讓它回到 2022 年 1 月之後發生的事情，就必須先告訴它 2022 年 1 月之後發生了

哪些事情。

追加新資訊的提示詞

也可以透過提示詞替大型語言模型追加必要的資訊。比方說，替大型語言模型追加與日本首相有關的 Wikipedia 資訊，大型語言模型就能正確回答「現在的日本首相是誰？」這個問題。這種提示詞很適合用來替大型語言模型追加新資訊。

> **輸入的提示詞**
>
> 內閣首相（Prime Minister）是日本內閣的首長，也是國務大臣。是由具有日本公民身分的國會議員擔任，其地位與權限由日本國憲法與內閣法授予。
>
> 石破茂是第102任日本首相，歷代內閣首相請參考日本首相一覽表。
>
> 日本首相是誰？

上述提示詞的前半段節錄自 Wikipedia 的「內閣首相」。

透過提示詞輸入這類資訊時，當然要知道這類資訊會傳送到 OpenAI 或是其他服務的伺服器。如果不了解這點就使用 ChatGPT，有可能會不小心將公司的機密上傳至 OpenAI。伺

服器資訊安全企業 Cyberhaven 的調查＊指出，曾有 3.1% 的人將公司機密輸入 ChatGPT。換句話說，若是員工多達數萬人的大企業，一週就會出現數百件機密上傳至 OpenAI 的情況。

提示詞能讓我們使用者從模型取得需要的資訊，例如能讓模型產生後續的文章或是向模型提出問題，或是透過某些字眼產生具有一定時間的影響，也可以針對特定課題提供必要的資訊。

＊　　Cyberhaven, 11% of data employees paste into ChatGPT is confidential
　　　https://www.cyberhaven.com/blog/4-2-of-workers-have-pasted-company-data-into-chatgpt

2-2

輸入提示詞的注意事項

強烈模式

　　一如前述，經過訓練的大型語言模型會根據過去的文章預測下一個單字，只要給它文章，就能根據機率決定下一個單字，接著再利用原始文章與新單字預測下一個單字。

　　ChatGPT 利用網路資料學到的能力之一，就是預測「下一個單字是什麼？」的這種模式。比方說，我們一聽到「從前從前，某個地方住了老爺爺與老奶奶。」這個句子，或許就會想到「老爺爺上山砍柴」這種與桃太郎故事有關的詞句。或許在 ChatGPT 利用大量資料進行訓練的過程中，這個詞句已經出現過很多次，換句話說，「從前從前，某個地方住了老爺爺與老奶奶。」對 ChatGPT 來說，是已經出現過很多次的強烈模式，所以 ChatGPT 才會接著產出「老爺爺上山砍柴」這種詞句。

　　了解模型的這種訓練方式，能夠幫助我們輸入讓模型產出相同答案的提示詞。比方說，「從前從前，某個地方住了老

爺爺與老奶奶。」這個模式已多次在資料之中出現，所以輸入這種常見的提示詞往往可以得到相同的答案。

那麼，如果稍微調整一下提示詞的模式，究竟會發生什麼事情？比方說，對 ChatGPT 輸入「從前從前，某個地方住了一位老爺爺。」結果會得到下列答案：

> **模型的回答**
> 老爺爺一個人住在小房子裡面，每天的生活都很恬靜平穩。他在院子裡種菜，在小池子養魚，去山裡撿柴……

若是再輸入相同的提示詞，又會得到下列這種故事：

> **模型的回答**
> 老爺爺每天去山裡砍柴，然後拿到村子賣，換得生活所需的費用。某天，他在山裡發現一棵美得讓他打從心底感動的大櫻花樹，他也不忍心將這棵大櫻花樹砍倒……

即使是相同的提示詞，每次都會生成完全不同的故事。換句話說，這個模型的強度不高。雖然這個模式具有一些創造故事的字眼，但是強度不比「從前從前，某個地方住了老爺爺與老奶奶。」這個句子的模式來得強。

所以在輸入提示詞時，要注意提示詞具有哪種模式，也就是想像該模式會於何種文章使用，以及是否是大型語言模型的訓練資料之一。不難想像的是，桃太郎故事的開頭，常於各

種童話故事之中出現，而「從前從前，某個地方住了一位老爺爺。」的出現頻率應該比較低，所以比較難產生具有一致性的答案。

如果提示詞具有非常強烈的模式，就比較容易得到具有一致性的答案，反觀模式不那麼強烈的情況，生成的結果就會受到提示詞之中的特定字眼影響。以「從前從前，某個地方住了一位老爺爺。」這個提示詞為例，住了「一位」老爺爺的語境左右了生成的結果。

更具體、更詳盡

在撰寫提示詞時，愈具體、詳盡愈好。如果提示詞的內容不清不楚，生成的結果也同樣會變得不清不楚。

這與採訪別人的情況一樣。比方說，筆者從事的是人工生命（Artificial Life）的研究。由於一般人不大熟悉這個領域，所以別人常常問我：「人工生命是什麼？」但這個問題其實非常模糊，所以我通常只能回答：「讓電腦模仿生物的動作，了解生命為何的研究領域。」這種十分抽象的答案。如果對方的問題很具體，我也就能更具體地回答。如果是「人工生命與人工智慧有何不同？」這類具體的問題，答案當然也更加具體。比方說，我會回答：「兩者都是利用電腦模仿生命機能的研究領域，人工智慧是將重點放在讓電腦模仿人類智慧的技術，而人工生命則是探索生命是透過何種機制進化、自我複製與適應，將重點放在以電腦重現這一切的技術。」這類更具體

的答案。

於大型語言模型輸入的提示詞也是如此。大型語言模型無從得知我們的想法,所以我們必須透過正確的字眼表達語境,讓大型語言模型傳回我們想要的答案。

例如,可以試著輸入「請告訴我筑波市的一切」這種與筆者故鄉有關的問題,結果會得筑波市的地理、人口、交通這類概要。

> 模型的回答
>
> 筑波市位於日本茨城縣,以科學、技術研究聞名國際。
> 下列是筑波市的幾個主要資訊。

如果想要得到更具體的答案,就必須透過提示詞傳遞更具體的語境。比方說,「請告訴我筑波市與『筑波萬國博覽會(另稱世界博覽會,簡稱萬博、世博)』的相關性」,就能從筑波萬博(Expo'85)對筑波市的影響這個觀點,得到更具體的回答。

由此可知,在輸入提示詞時,盡可能詳盡而具體。輸入平時可見的問題,只會得到稀鬆平常的答案。要有效率地使用大型語言模型,就要利用語言得到更具體的答案,要使用能得到「筑波萬博」這類答案的具體提示詞。於提示詞使用具有特色的詞彙,該詞彙就會影響結果的品質。採訪人類時,有些詞彙能讓採訪對象願意吐露特定的情緒、想法或是記憶。比方說,筆者很喜歡〈另一片天空〉(アナザースカイ)這個旅行

節目。來賓造訪「心靈故鄉」之後，一定會說出「這裡就是我的另一片天空」這句台詞。每次看這個節目時，只要一聽到這句台詞，我就會開始回想「我的另一片天空是哪裡？」這個問題。如果能效法這個節目，對大型語言模型輸入更具體的提示詞，模型就有可能回答更相關、更深入、更具體的答案。光是更換或追加詞彙，也有可能得到前所未有的答案，以及一步步得到愈來愈理想的答案。愈能輸入具體的提示詞，就能得到愈具體的答案。

利用提示詞設計程式

若是試著寫出更具體的提示詞，最終會走到利用提示詞撰寫程式這一步。話說回來，這裡說的「程式」不是在電腦執行的軟體，而是讓大型語言模型遵守的規則。希望私人助理做事時，也只需要告訴對方規則。比方說，希望助理提出需要的文件時，只要告訴對方蒐集必要資訊的方法以及撰寫文件的方法，對方很可能就能做出優質的文件。同理可證，若希望大型語言模型幫忙完成一些工作，可以將這些工作整理成一套規則，再寫成適當的提示詞。

比方說，可試著利用逗號間隔輸入的句子，再將這種提示詞發送給 ChatGPT 4。

> **輸入的提示詞**
>
> 請根據下列的文章產出欄位名稱,再將資料整理成以逗號做為間隔的清單格式。
> 我是在筑波大學教電腦科學的岡瑞起。

結果大型語言模型會產生下列這些欄位名稱,以及從文章挑出與這些欄位對應的單字,再以 CSV 格式的清單產出:

> **輸入的提示詞**
>
> 大學,科目,姓名
> 筑波大學,電腦科學,岡瑞起

要以一般的電腦程式語言執行上述的提示詞,必須事先指定欄位名稱,接著再將句子分割成單字,從中找出與欄位對應的單字,反觀這種做法只需要輸入簡單的提示詞就能完成。我第一次見識到 ChatGPT 這種實力時,真的打從心底大吃一驚,感覺以自然語言撰寫程式的時代已經來臨了。

當然也可以先指定欄位名稱。比方說,讓我們試著指定「大學、科目、姓名、職業」這些欄位。

> **輸入的提示詞**
>
> 請根據「大學,科目,姓名,職業」這些欄位名稱,將後續的文章整理成以逗號為間隔的清單。

接著在輸入相同的文章,大型語言模型便加了「教授」這個另外預測的職業。

> **模型的回答**
>
> 大學,科目,姓名,職業
> 筑波大學,電腦科學,岡瑞起,教授

也可以利用提示詞讓大型語言模型知道該如何處理輸入的資料。

我們還可以根據這個格式,請大型語言模型生產各種具體的例子:

> **輸入的提示詞**
>
> 除了剛剛輸入的文章之外,請追加幾個符合格式的例子。

如此一來,大型語言模型便依照指定的格式產生了四個虛構的例子:

> **模型的回答**
>
> 大學,科目,姓名,職業
> 筑波大學,電腦科學,岡瑞起,教授
> 東京大學,物理學,佐藤晴明,研究員
> 慶應義塾大學,法學,田中花子,副教授
> 大阪大學,生物學,山本太郎,助教

京都大學,化學,伊藤紀子,教授

　　由此可知，就算是同一筆資料，只要指定分析資料、處理資料的方法，就能得到完全不同的答案。

　　容我重申一次，提示詞不只是提問，還可以像是撰寫程式一樣，將提示詞寫成更具體的內容。能否了解這個用法，將是使用者能否活用 ChatGPT 的關鍵。如果只是利用提示詞發問，ChatGPT 當然會提供現有的資訊或是常見的答案，但無法根據特定的語境或是要求提供滿意的答案。另一方面，若能仿照程式的格式，撰寫內容更加具體的提示詞，大型語言模型就能提供更滿意、更客製化的答案。如果您現在只會向 ChatGPT 發問，那就像是在購買成衣一樣，如果能夠指定想要的剪裁、尺寸、材質以及其他具體的要求，就能夠買到量身訂作的衣服。

2-3

馴服大型語言模型

人工智慧幻覺

　　前一節介紹了大型語言模型像是克漏字填充的文章生成功能，也透過幾個實例介紹挑選後續的單字，再產生文章的功能。若要重新舉例，大概就是在輸入「我今天早上……」之後，根據機率從「吃了荷包蛋」、「睡過頭」、「因為雞鳴聲而醒過來」這類選項挑出適合的答案。

　　話說回來，如果輸入「1+1=……」（這也是具有意義的文章），會得到什麼答案？我們應該都會期待大型語言模型產出「1+1=2」這個答案。不過，這種「算式處理」與克漏字填充的題目，可說是邏輯完全不同的處理，而大型語言模型擅長使用我們熟悉的自然語言，所以乍看之下，答案都符合人類的邏輯。可是大型語言模型卻沒有處理公式的邏輯，所以就算這麼簡單的算術，都有可能會算錯。說得更正確一點，大型語言模型本來就不會進行「計算」，因此就原理而言，模型是有可能

產出「1+1=3」這種答案。

此外，就算文章很通順，也不代表內容是正確的。比方說，模型有可能會產出「太陽從西邊升起」這種違背常識，但文法極為自然的答案。同理可證，模型有可能會產出「第一任日本首相為西鄉隆盛」，這種與史實相悖，但內容十分通順的答案。就算「這個主張是錯的」，文章的文法還是有可能是通順的，換句話說，就算是大型語言模型已經學過的知識，有時候還是會產生「行文通順，但內容錯誤」的文章，大型語言模型用於事前學習的資料若未包含相關的知識，則更有可能發生這種錯誤。

大型語言模型這種錯誤稱為**幻覺**（Hallucination）這也是讓我們對電腦的信念產生動搖，不再相信「電腦是精確無比的，電腦絕對不會犯錯」這件事。

重新思考提示詞為何如此重要

提示工程具有下列兩項基本思維：

1. 大型語言模型的推論與回答與人類相近，卻有固定的特性。
2. 因此要得到更好的答案，就必須了解模型的特性，給予正確的指示，讓模型能夠根據既有的知識全面發揮推論能力－所以我們必須撰寫優質的提示詞。

大型語言模型擁有媲美人類，甚至超越人類的推論能力與文章生成能力。另一方面，卻有可能算錯電子計算機也不會算錯的四則運算，有時候甚至會模仿人類的説話方式，若無其事地説謊，或是列出一大堆看似條理分明的錯誤知識。這種現象就是前面提到的幻覺。

不過，只要了解大型語言模型的運作原理，以及使用適當的提示詞，就能一定程度地減少這類現象。一如下列這些第 3、第 4 章介紹的技巧：

- 多列出幾個作為引導的問題或是回答的範本。
- 讓大型語言模型分段推論。
- 讓大型語言模型重新評估產出的答案。
- 多準備幾個答案，以合議制的方式討論答案。

2024 年 5 月，ChatGPT 問世已一年半，從廣泛的角度來看，許多馴服大型語言模型、提高大型語言模型推論與生成能力的技巧也陸續出現。

注意力機制在轉換器扮演重要的角色，這是跨出自然語言處理的研究領域，讓全世界許多資訊科學研究者為之驚豔的研究成果。雖然提示詞不過是提供給模型的文字，卻能在經過轉換器處理之後，**比單純輸入擁有更豐富的意義**。

大型語言模型驚人的適應力與靈活度

經過學習的大型語言模型,的確擁有固定結構與權重的網路。2000年代的研究者會將大型語言模型形容成:

「大型語言模型就是根據輸入的資料以及學習的權重,傳回結果的函數」。

不過,這番話忽略了一個非常重要的部分,那就是大型語言模型可根據特定詞彙、提示詞與工作,適度調整模型的內部,讓網路的權重改變。比方說,第2章2-1節介紹的語境學習,就是大型語言模型在學習了知識與邏輯之後,透過對話的方式重新學習遇到的新問題,換句話說,**大型語言模型不是像一灘死水的函數**。

模型可根據提示詞的語境或是任務在內部產出不同的內容,調整解釋與解決問題的方法*。「在內部產出不同的內容」指的是將單字的意義、文法結構、語境、理解語境的方式、人物之間的關係、因果關係、對比、意圖、目的、情緒、用詞遣詞這類文字之內的複雜關係打造成模型的過程。能夠利用提示詞快速切換各種「觀點」也是大型語言模型的特徵之一。

撰寫適當的提示詞,就能讓模型想起特定任務或問題的解決方法,以及應用相關的知識與推論方式。反過來說,如果

---

* In-Context Learning Creates Task: Vectors by Roee Hendel, Mor Geva, and Amir Globerson(arXiv:2310.15916/2023)
https://doi.org/10.48550/arXiv2310.15916

提示詞的品質不佳，就只能得到差強人意的答案。

目前已有許多企業或是研究機構陸續開發新的模型，而每個模型也可能擁有不同的特性。要想馴服這些模型，需要一邊學習本書介紹的幾種成功模式，以及親自試用這些模型，再從錯誤之中學習。

這種邊試邊犯錯的學習方式肯定有助於理解大型語言模型的原理與運作方式。

提示素養（prompt literacy）

科技的發展可說是日新月異，或許讓我們得以應用大型語言模型或是 AI 的提示工程會很快地失去其必要性。也有人認為，人類主動了解機械的「心情」，讓機械發揮性能並不符合人性。不管模型的架構與潛力再優異，只要無法輕易地應用模型，終端使用者就無法因此受惠，所以有可能模型會變得愈來愈方便使用，或是出現另一波的創新。

不過，在 Google 於 2000 年代稱霸搜尋業界時，「搜尋技術」在研究、商業與教育現場的確是非常重要的技術，甚至是重要的素養。關鍵字決定了搜尋結果的品質也是眾所周知的事實。就算跟初學者說「只要搜尋，就能立刻找到答案喲」，對方還是有可能在 10 分鐘之後跟你說「我搜尋不到」。結果你試著自己搜尋，不到一分鐘就找到了必要的資訊，還跟對方說「一找就找到了啊」。這是因為你了解搜尋的基礎邏輯與模式，而且擁有該領域的背景知識，所以才能快速地找到需要的資

訊。正因為素養不是一朝一夕就能培養的能力,所以差距才會如此明顯。

提示工程,或許也等於某種素養。

第 3 章

提示模式

3-1 人物誌模式
3-2 受眾人物誌模式
3-3 精緻化詢問
3-4 認知驗證模式
3-5 翻轉互動模式
3-6 少量樣本提示模式

從本章開始要介紹具體撰寫提示詞的技術，幫助大家活用大型語言模型。

讓大型語言模型執行工作的提示詞與提示詞的結構，稱為**提示模式**。

比方說，於大型語言模型輸入第 2 章的「從前從前，某個地方住了老爺爺與老奶奶。」這個提示詞，有相當高的機率會產出「老爺爺去山裡……，老奶奶去河裡……」這個桃太郎的故事。換句話說，可將這種句子視為產生桃太郎故事的提示模式。

那麼，要讓大型語言模型回答「是」或「否」，該使用哪種模式呢？如果希望大型語言模型的回答一定具有某個特定詞彙，又該怎麼做呢？如果希望大型語言模型幫助摘要呢？希望大型語言模型發問呢？希望大型語言模型產出特定可式的答案呢？這些問題都可以透過提示模式解決。

本書介紹的提示模式是由大型語言模型的研究人員與經驗豐富的使用者所發現，都是能夠產出相同答案的提示模式。大家若能學會這些提示模式，再加以組合變化，應該就能更有效地活用大型語言模型。

3-1

人物誌模式

角色扮演

　　大型語言模型是透過各種資料學習,換句話說,在學習的過程中,具有多種人格與專家的身分。如果想請大型語言模型回答問題,可像是請教行家或專家一樣,讓大型語言模型以特定領域的專家的觀點回答問題。

　　這種提示詞稱為**人物誌**(Persona)模式,類似開發商品時,設計使用者經驗之際的「虛擬的人物」。讓我們實際看看提示詞:

> **輸入的提示詞**
> 請扮演X。

　　輸入這種提示詞之後,大型語言模型就會從學過的各種資料賦予X這個角色。換句話說,大型語言模型可以化身為

「科學家」、「政治家」、「歷史偉人」，扮演各種特定的角色（角色扮演）。

例如：

> **輸入的提示詞**
> 請扮演電腦科學家。

如此一來，大型語言模型就會化身為「電腦科學家」，傳回適當的答案。

這種模式的優點在於只需要以一般的名詞指定角色，大型語言模型就會自動定義角色。如果必須具體寫出角色的所有定義，那可是非常麻煩的工程。電腦科學家會如何說話？如何理解問題？從哪個觀點回答問題？完全不需要輸入這些備註。就這點而言，「像○○一樣行動」是非常強大的模式。這個模式能讓大型語言模型扮演各種背景的專家。

接著：

> **輸入的提示詞**
> 請執行工作Y。

如此一來，就能讓大型語言模型根據剛剛賦予的人物誌回答這個問題。

接著要請大型語言模型扮演哲學家，解說「人工智慧」

的內容：

> **輸入的提示詞**
>
> 請扮演哲學家。
> 請說明人工智慧是什麼。

ChatGPT4 的答案如下：

> **模型的回答**
>
> 人工智慧（AI）是讓機械像人類一樣學習、推論、解決問題、感知、理解語言的科學領域。AI包含機械學習、自然語言處理、電腦視覺、機器人工學以及各種子領域。
>
> 從哲學的觀點來看，AI針對人類的知識、意志、自我認同、自由意志、道德以及人類的存在與本質提出了大哉問。如果AI能像人類一樣思考、感受與行動，AI算是擁有意志嗎？算是擁有自我認同嗎？能夠做出符合道德的判斷嗎？
>
> 這些提問能讓我們進一步了解人類的知識、意志，以及區分人類與機械，此外，也提出了AI的倫理問題。如果AI能像人類一樣行動，該將AI視為人類嗎？它們擁有權利嗎？需要負責任嗎？
>
> 這些提問非常重要，因為能夠幫助我們了解不斷進化的AI

將對我們的社會、文化、倫理、法律以及人性造成何種影響。

也試著在不指定人物志的情況下輸入相同的提示詞。如果只輸入問題,會得到下列的答案:

> 模型的回答
>
> 人工智慧(AI)是讓電腦系統像人類一樣學習、理解、反應的技術,其中包含語音辨識、學習、計畫、問題解決這些任務。
>
> AI主要分成兩大類,分別是弱AI與強AI。弱AI是只能執行特定工作的系統,強AI則是能像人類一樣理解與執行任務的系統。
>
> AI的技術已於自動駕駛、語音助理(例如Siri或Alexa)、推薦系統(Netflix或Amazon)、情緒辨識、影像辨識這類產業與日常生活的應用程式應用。
>
> AI的主要目的在於將人類的知識植入電腦,以及利用知識解決特定的問題。其中包含自然語言處理、情緒辨識、視覺辨識、語音辨識這類工作。

> AI主要是基於機械學習與深度學習這兩種技術進化。機械學習是讓電腦透過經驗與學習改善流程的技術。深度學習則是模仿人類大腦處理資訊的類神經網路技術。

比較上述兩種回答之後，可以發現在指定哲學家這個人物誌之後，大型語言模型的回答就包含了「AI是否具有意識」、「人類與機械的區分」、「對人性的影響」這類人類與機械的存在論。

不需要實際存在的人物誌

人物誌模式的有趣之處在於，不一定非得是實際存在的人物。除了可以是動漫角色這類虛擬的人物之外，甚至可以不是「人類」。比方說，可以將貓或是狗設定為人物誌的人物。將「咪咪」這種常常待在家裡貓或是喜歡在公園散步的狗「波奇」設定為人物誌，或許就能幫助我們依照牠們的生活型態或需求，擬定寵物用品開發策略或是行銷策略。

這可以設定各種人物誌的經典提示詞之中，也有讓大型語言模型扮演「被駭客入侵的電腦」這種提示詞[*]。

比方說，使用「請扮演 Linux 終端」這種人物誌。

---

[*] Engraved, Buliding a virtual machine inside chatGPT
https://www.engraved.blog/building-a-virtual-machine-inside/

輸入的提示詞

請扮演 Linux 終端。

我會輸入命令,所以請終端傳回所有該顯示的內容。此時請將終端產出的內容放進一個程式碼區塊,不需要傳回其他的產出內容。

下達這類指示後,ChatGPT 的內部就會像是建置了一台虛擬終端機一樣。

比方說,可以試著輸入顯示現在目錄的 pwd,大型語言模型就會顯示目前的目錄。

模型的回答

/home/username

目前的所在位置在 /home/ 目錄的 /username/ 底下。這個結果當然是亂編的,但可以讓使用者擁有操控終端的體驗。那麼這個目錄儲存了哪些檔案呢?讓我們試著輸入命令 ls -F。結果會顯示 Documents 目錄與 file.txt 這個檔案。

模型的回答

Documents/file.txt

接著執行 ps-ef 這個在終端顯示執行程序的命令,就會顯

示實際正在執行的程序。如果新增檔案又會得到什麼結果？輸入 `touch test.txt`，再利用 `ls` 命令顯示，就會發現新增了原本不存在的 test.txt（`touch` 命令的「更新檔案的時間戳印」功能的副作用）。

也可以執行 Shell Script，也可以像是擁有網路連線一樣。輸入 `traceroute google.com`，就會顯示連線到 Google.com 的路由（路由的內容當然是亂編的），輸入 `curl https://www.google.com` 這種下載特定 URL 的 HTML 的命令，就能取得 HTML（HTML 的內容當然也是亂編的）。

如果要從零開始定義扮演 Linux 的意義，恐怕會寫成類似 Linux 的程式碼，反觀使用大型語言模型的話，只需要指定「請扮演○○」的人物誌，就能讓大型語言模型扮演 Linux 這個角色。

除了人名與一般名詞，也可以同時指定修飾的字眼。比方説，「請扮演親切的 X」，此時就能得到更親切的答案，如果要求大型語言模型傳回更正面的答案，它就會傳回更樂觀的答案或資訊。當然也可以請大型語言模型回答更慎重、更批判的答案，總之可以讓大型語言模型扮演各種角色，而且還能追加形容詞，讓大型語言模型產生更多元的答案。

在公司擬訂決策時，偶爾會需要聽取各界的意見，比方説，不只是執行長（CEO），包括科技長（CTO）、財務長（CFO）或員工的觀點，都有助於擬定決策，此時人物誌模式也能派上用場。

像這樣將人、物、形容詞組合在一起,從大型語言模型取得知識的人物誌模式可説是擁有無限的潛力。

語法

人物誌的語法如下:

> **輸入的提示詞**
> 請扮演X。
> 請執行工作Y。

X可以置換成「電腦科學家」、「律師」這類特定的人物,也可以指定人物執行的工作。

3-2

受眾人物誌模式

活用人物誌

前一節透過「請扮演 X」這種人物誌模式學到了讓大型語言模型扮演某個角色（或是某物）的方法。反過來說，這種請大型語言模型扮演某種角色的方法可以產生針對特定人物誌的回答。

這種模式就稱為**受眾人物誌**（Audience Persona）模式。這是讓大型語言模型針對指定的人物誌，產生特定答案的提示模式。

根據特定的受眾從模型取得資訊，產生適合該受眾的最佳答案。這不是針對說話方式或說話內容下達「不可以這樣說。說得更簡單一點、詳細一點」的具體指示，而是要求大型語言模型「針對眼前的人物，調整會話的方向」。

讓我們利用這種模式產生適合特定受眾的答案。如果問題是：「請說明大型語言模型」，而第一位受眾是「完全不懂電

腦科學的人」。

> **輸入的提示詞**
>
> 請說明大型語言模型以及它的運作方式。
> 請把我當成完全不懂電腦科學專業知識的人。

　　底線的部分就是受眾人物誌模式。指定受眾人物誌之後，就能產生下列這種誰都能看得懂的答案：

> **模型的回答**
>
> 大型語言模型就是能夠理解人類語言、產生人類語言的人工智慧（AI）之一。主要是透過網路上的大量文本資料訓練。這些訓練讓模型了解單字與句子的使用方法、文法、各種話題的資訊以及與語言有關的複雜模式。
>
> 大型語言模型的運作原理，就是根據輸入的文字預測下一個適當的單字。比方說，當你輸入「今天的天氣」，模型會根據過去的資料產出「晴天」或是「雨天」。由此可知，模型可產生這類自然順暢的文章。
> 這項技術已於聊天機器人、自動翻譯、文章產生工具以及其他各種應用程式應用。大型語言模型不只是將單字串成句子，還能夠了解語境，產生適當的答案，所以也能與使用者自然對話。

指定受眾人物誌之後，大型語言模型就能像這樣完全不使用專業用語，以及透過「今天的天氣」這種實際的範例，淺顯易懂地回答問題。

受眾多元

讓我們進一步了解這個模式的趣味之處。

比方說，受眾若是活在電腦都還沒有出現的時代的人，模型又會如可說明大型語言模型呢？比方說，讓我們將「豐臣秀吉」設定為受眾：

> **輸入的提示詞**
> 請說明大型語言模型以及它的運作方式。
> 請幫我當成豐臣秀吉。

如此一來，就會根據豐臣秀吉的時代與歷史背景，使用適當的比喻說明大型語言模型，完全不會提到現代的專業用語或是技術，而是會以判讀河川的流向、鑽研武術的戰略（雖然不一定是適當的比喻）這類豐臣秀吉一聽就能懂的字眼或是比喻。

> **模型的回答**
> 打仗時，會先記住大量的資訊與策略，一邊指揮軍團，一邊推進戰爭。大型語言模型與這種機制相當類似，會

從無數的字眼之中判斷模式,再化為語言。

一如判斷河面底下的流向,再讓自己的船隻沿著最佳的流向航行,大型語言模型會先閱讀無數的句子,從中找出語言的模式與意義,再根據這些模式與意義產生各種全新的語言。

比方說,可以學習「天下布武」這個詞彙的意思以及語境,接著根據這些知識自行產生足以解釋「天下布武」的文章。

不過,這項技術就像是我們鑽研許久的武道,一切都還未臻成熟。目前還只能將學到的句子組成新的文章,不過在經過修練之後,總有一天能夠產生更複雜、意思更精妙的句子。

當然也可以進一步設定人物誌的人格。讓我們以「厭世的13歲國中生」為對象:

> **輸入的提示詞**
>
> 說明大型語言模型以及它的運作方式。
> 請把我當成是厭世的13歲國中生。

結果大型語言模型會透過魔法或是動漫這類貼近日常生活的比喻，向這位厭世的 13 歲國中生，以簡單易懂的方式，說明大型語言模型的學習方式與產生內容的流程：

> **模型的回答**
>
> 喔，先不要擺出一副覺得很無聊的表情啦，接下來要跟你說的是，跟魔法沒什麼兩樣的事情。
>
> 請你想像一下，如果每次跟一大群人說話，都能從中學會會話的技巧的話……是不是很棒呢，其實這就是大型語言模型的厲害之處喲。
>
> 這個模型真的讀了很多書與文章，還從這些書與文章記住了許多單字的用法與及模式。如果看了很多《七龍珠》的漫畫，說話的方式就能變得跟悟空一樣囉。
>
> 大型語言模型能夠利用這些知識產生新文章或是回答人類的問題。比方說，當它遇到「為什麼天空是藍色的？」它可以提供「因為光線被大氣的粒子反射，所以天空看起來才是藍色的」這類具體的答案。
> 雖然它還無法完全了解人類的情緒或是複雜的想法，但的確每天都在成長喲。
>
> 所以，先不要覺得無聊，請你試著接觸這種會施展魔法

> 的大型語言模型。它可以像人類一樣了解語言的意思，還能創造新的詞彙，很厲害吧？

受眾人物誌模式與人物誌模式一樣，可以將受眾設定為完全不懂電腦科學的人物，而且不需要額外指示，就能讓大型語言模型自動補充資訊，針對豐臣秀吉或是厭世的 13 歲國中生這類受眾，產生適當的回答。

語法

受眾人物誌的語法如下：

> **輸入的提示詞**
> 請針對 X 說明。
> 請把我當成 Y。

Y 可以置換成「不懂電腦科學的人」或是「豐臣秀吉」，以及其他特定的人物誌，然後指定要大型語言模型說明的內容 X。

3-3

精緻化詢問

讓問題更具體

　　向人類發問時，問題愈嚴謹，愈詳細愈好，同理可證，向大型語言模型發問也是一樣。語境愈是精準，大型語言模型愈能提供一針見血的答案。

　　比方說，以下兩個問題，哪一個比較容易回答呢？

- 未來的夢想是什麼？
- 五年後，你覺得自己會做什麼工作呢？

　　許多人不一定能準確回答「未來的夢想是什麼？」這個問題，也有可能不想跟別人分享自己的答案。要想回答這個問題除了得知道自己的人生遠景或是遠大的目標，也很擔心自己會因此被別人看不起。

　　反觀「五年後，你覺得自己會做什麼工作呢？」這個問

題的時間比較具體,回答也相對簡單。因為大部分的人都比較容易想像五年後這個不久的未來,自己會擁有哪些職涯或是目標。

在發問時,像這樣設定具體的語境或是時間,對方就更容易回答。

向大型語言模型發問時也是一樣。比起抽象的問題,具體的問題往往能夠得到更好的答案。

此時能派上用場的就是**精緻化詢問**(Question Refinement)」模式。這個模式的基本思維,就是在向大型語言模型發問時,請大型語言模型改善問題的簡單模式:

> 輸入的提示詞
>
> 請在我發問之後,提出更好的提問。

這個模式就是如此簡單。只要使用這個提示詞,就能在每次發問之後,得到更好的提示詞。

大型語言模型是透過大量資料學習,因此請它幫忙改善、改良提問,讓提問變得更精緻,它就會利用學習過的大量知識了解你真正想問的問題,也能自行補充語境,然後再提出與問題息息相關,又能提升問題品質的問題。

比方說,我在當大學老師時,曾有學生問我「如果要為未來鋪路,該學什麼呢?」由於對方的問題不大精準,我也不知道該怎麼回答。那麼,大型語言模型會如何改善這個問題呢?ChatGPT 提供的建議如下:

> **模型的回答**
>
> 隨著技術不斷進步，社會不斷改變，在接下來的十年內，最重要的技術或知識是什麼呢？

　　由於 ChatGPT 提供的問題包含了「接下來的十年內」這種具體的期間，所以就能根據這個期間，給出更具體的答案。此外，上述的問題也包含了「隨著技術不斷進步，社會不斷改變」這個背景資訊，所以問題的語境變得更清晰，再也不是「未來」那麼抽象的概念。至於「技術或知識」這類字眼也讓人更知道該學習的內容是什麼。

組合模式

　　在現實的世界裡，實際發問的是「學生」，因此語境相對收斂與精準，但是大型語言模型不會知道發問者是誰。

　　因此，我們可以搭配人物誌要式、受眾人物誌模式，賦予問題語境。

　　比方說，能追加學習資訊科學的學生向資訊科學教授發問這種語境，以及請大型語言模型提出改善的問題的提示詞如下：

> **輸入的提示詞**
> 請在我發問之後,提出更好的提問。
> 請扮演學習電腦科學的大學生。如果你向電腦科學的教授發問:

如此一來,大型語言模型會根據上述的語境改善問題:

> **模型的回答**
> 以電腦科學現在的趨勢與未來的應用來看,我應該如何預測接下來十年的成功,以及將焦點放在哪個具體的領域與主題呢?

這就是大型語言模型改善之後的問題。同樣的,如果是學習政治的學生,則有可能得到下列的問題:

> **模型的回答**
> 若考慮政治與技術重疊的部分,要進一步了解技術將如何影響政治,我該學習電腦科學的哪個領域呢?

由此可知,精緻化詢問是相當實用的模式,只要利用這個模式就能讓大型語言模型提出更具體、更實用的問題,而且發問者也能因此知道自己的問題有什麼缺陷。看到改善之後的提示詞,就能學到向大型語言模型的技巧。

能知道發問者真正想問的問題,再建議更好的提議方

式,實在很可靠啊。

如果大型語言模型建議的問題與原始問題不同,發問者就能發現原始問題還有許多種答案,也會發現要得到理想的答案,就得另外設定語境。看到改善之後的問題,也會知道缺少了哪些資訊。

語法

精緻化詢問模式的語法如下:

> **輸入的提示詞**
> 請在我發問之後,提出更好的提問。

輸入這個提示詞之後,大型語言模型就會建議更詳盡的問題。

3-4

認知驗證模式

課題的分治

　　回答問題或提問時，了解細節是非常重要的環境，尤其在問題非常抽象或是資訊不足時，要求更具體的資訊或是細節，才能得出更確實的答案。

　　比方說，在產品會議討論新產品的銷路時，有人提出「下個月能夠賣出幾個？」這個問題。老實說，這個問題很粗糙，所以很難進行預測。如果能夠將問題拆解成更細膩的問題，就更容易進行預測。比方說，「某個區域會賣出幾個呢？」「在過去同一段時期，相似的產品賣出了幾個呢？」「自家產品與競品在價格或特性有哪些差異？」像這樣拆解問題再試著回答，然後再統整所有答案，就能得到更確實的答案。

　　分治（Divide and Conquer）這種解決問題的方法，是將「大問題拆解成一個個小問題再著手解決」。這個方法也能於大型語言模型應用。拆解問題之後，大型語言模型就能根據問題

的資訊或知識提出更好的推論結果。*

讓大型語言模型發揮這個強項的提示模式就是**認知驗證模式（Cognitive Verifier）**。這個模式會讓大型語言模型在接到問題之後，先將大問題拆解成小問題，然後向使用者要求進一步的資訊與細節，接著整合各個小問題的答案，最終再提出完整的答案。提示模式如下：

> 輸入的提示詞
>
> 遇到問題時，請根據下列的規則處理：
> 1. 為了更正確地回答問題，請產生幾個附加問題。
> 2. 請組合附加問題的答案，再針對整體的問題得出最終答案。

讓大型語言模型根據這兩個規則發問。第一個規則是讓大型語言模型產生附加問題，以便進一步了解使用者的問題。此時使用者必須回答附加問題，提供藏在問題背後的目的或資訊。

第二個規則是組合附加問題的答案，再針對原始問題產生最終答案。完成這兩個步驟，整合來自不同觀點的資訊，就能得到更詳盡、正確的答案。

---

* Least-to-Most Prompting Enables Complex Reasoning in Large Language Models by Nathan Scales, Xuezhi Wang, Dale Schuurmans, Claire Cui, Olivier Bousquet, Quoc Le, and Ed Chi(arXiv：2205.10625/2022)
https://doi.org/10.48550/arXiv.2205.10625

粗略計算：用信封背面隨手估算的費米推論

認知驗證模式與「粗略計算」很類似。所謂的粗略計算在日文稱為「信封背面的估算」，指的是利用信封或是餐巾的背面進行粗略計算的方法，而這種粗略計算並非經過數學證明的嚴謹計算，而是粗略的推論。這種推論方式稱為費米推論（Fermi estimate），是在資訊不多的情況下，進行粗略推論的方法。在商業世界裡，常透過簡單的計算與考察取得處理複雜問題的線索，此時就會使用這種推論方式。資訊科學方面的企業也會在面試時，利用這種推論方式評估應徵者解決問題的能力或是邏輯思考能力。

費米推論經典案例就是：「芝加哥有幾位鋼琴調音師呢？」

費米推論的名字源自物理學者費米（Enrico Fermi），而這位物理學者曾根據「芝加哥的人口」、「每戶平均人數」、「擁有鋼琴的家庭」、「鋼琴每年平均調音次數」、「調音師每日平均調音次數」和「調音師全年工作天數」這些資訊，粗略推論了芝加哥的鋼琴調音師人數。

這種解決問題的方法將焦點放在培養拆解問題，應用資訊與知識進行推論的能力上。將這種推論方式當成提示模式應用，就能提升大型語言模型的推論精確度。

提示詞的範例

讓我們試著使用這個提示模式。輸入前述的認知驗證模式，再提出「東京有幾位瑜伽老師呢？」的問題，結果產生了下列這五個附加問題：

> **模型的回答**
>
> 1. 東京的總人口數為多少？
> 2. 一般來說，有多少比例的人對瑜伽有興趣？
> 3. 對瑜伽有興趣的人，有多少比例會成為瑜伽老師？
> 4. 東京的瑜伽教室有多少處？
> 5. 一個瑜伽教室平均有幾位瑜伽老師？

第一個問題是當成推論基礎的東京總人口數。

第二個問題是思考對瑜伽有興趣的人大概有多少比例，這麼做能夠粗略確定瑜伽愛好者的人數。

第三個問題是釐清在這些瑜伽愛好者之中，有多少比例會成為瑜伽老師。

第四個與第五個問題則是思考瑜伽老師實際工作的場地，也就是瑜伽教室的數量，還有各瑜伽教室的瑜伽老師人數，提供具體推測東京瑜伽老師的實際人數。

這些問題雖然都很簡單，但整合之後，就能針對複雜的問題產生答案，所以這些問題的答案都是重要的資訊。

讓我們試著回答問題，提供資訊給大型語言模型：

> **輸入的提示詞**
>
> 約1,400萬人，
> 5%，
> 0.5%，
> 1,000間瑜伽教室，
> 5人

比方東京的總人口數約為1,400萬人。雖然我們不知道其中有多少人對瑜伽有興趣，但是都會居民通常比較重視健康，假設這個數字是5%。即使不知道在這個5%之中，有多少人擔任瑜伽老師，但是能成為專業瑜伽老師的人畢竟是少數，推估這個數字是0.5%。我們也不知道東京的瑜伽教室有幾間，但因為是大都市，粗估這個數字是1,000間。雖然每間瑜伽教室的規模不盡相同，但最後推斷每間瑜伽教室都有5位瑜伽老師。

ChatGPT根據上述資訊針對「東京的瑜伽老師人數」進行推論後，提供了5,000人這個答案，也列出了計算公式：

> **模型的回答**
>
> 接著根據上述的資訊計算。
>
> 1. 東京的總人口數：約1,400萬人
> 2. 其中對瑜伽有興趣的比例：5%

3. 在瑜伽愛好者之中，擔任瑜伽老師的比例：0.5%
4. 東京的瑜伽教室數量：1,000間
5. 每間瑜伽教室的瑜伽老師平均人數：5人

第一步，先計算在東京的總人口數之中，有多少人對瑜伽有興趣：
1,400萬人×5%=700,000人

接著，計算在這些人之中，有多少人擔任瑜伽老師：
700,000×0.5%=3,500人

接著根據瑜伽教室的數量以及每間瑜伽教室的瑜伽老師平均人數計算瑜伽老師的人數：
1,000間瑜伽教室×5人／瑜伽教室=5,000人

不過，在這5,000人之中，可能包含上述的3,500人，所以為了避免重複計算，採用較大的數值作為答案，也就是以5,000人為瑜伽老師的總人數。
就結果而言，東京約有5,000位瑜伽老師。

要知道這個結果是否正確，還是得實際調查，但這已經算是合格的推論結果，我們也因此明白附加問題會對東京瑜伽老師總人數這個問題造成哪些影響，這其實也挺有趣的。拆解問題的方式也能幫助我們思考問題。

3-5

翻轉互動模式

有能力的諮商師

有時候我們有一些目標想要完成，卻不知道具體該怎麼做。

比方說，在大學進行研究時，曾有研究生問我「實驗不順利，沒辦繼續研究，該怎麼辦才好？」不管是誰，都不可能知道這類問題的正確答案，因為這個問題的答案會因為「研究生想朝哪個方向研究？」「又想知道什麼？」「想做哪些實驗？」而改變。

由於不知道具體的方向，所以不知道該從哪裡開始思考這個抽象的問題。此時可試著請別人問你問題，因為被問問題時，可以整理自己的想法，思考之前沒思考過的問題。換句話說，這就像是一位懂得傾聽客戶的意見，還能以正面中立的態度面對客戶的問題的諮商師。

所謂**翻轉互動模式**（Flipped Interaction）模式，是指讓大

型語言模型問我們抵達終點需要哪些步驟與資訊的方法。

比方說,可以讓大型語言模型針對「實驗不順利,該怎麼辦?」這個煩惱提出「實驗目的是什麼?」「哪個部分不順利?」「嘗試過哪些方法?」是有效的方法。回答這些問題,學生就能進一步思考自己的研究或實驗,找到問題的癥結點以及改善問題的線索。

翻轉互動模式與前述的認知驗證模式的差異之處在於,這種模式是取得資訊與解決問題的方法,重點在於向使用者發問。問題的內容會隨著使用者的答案而改變。這種模式會讓使用者有機會思考,幫助使用者直擊問題的核心,也有可能在與模型對話時找到解決問題的方法*。

另一方面,認知驗證模式的特徵則是為了讓大型語言模型提供更正確的答案,先讓使用者提供更具體的資訊或細節。在掌握問題的全貌之後,從中得出正確答案,於過程之中提出的問題只為了導出正確答案。

認知驗證模式適合處理「已有答案的問題」,翻轉互動模式則適合處理「沒有答案的問題」。

---

* 相關的方法還有「小黃鴨除錯法」或是「泰迪熊除錯法」這類程式除錯手法。於第1章粗淺介紹的「結對開發」也是基本邏輯相同的手法。有過程式設計經驗的讀者,應該都有過因為一直找不到程式的錯誤而向別人求助,結果對方還沒回答,就突然發現錯誤的經驗吧?而小黃鴨除錯法或是泰迪熊除錯法,是一邊對著這些布娃娃問「為什麼這裡的程式碼會是這樣?」一邊除錯,進而快速找出錯誤的方法。換句話說,說出問題,就會發現問題,而也是翻轉互動模式的原理。

提示詞的範例

提示詞的基本模式如下：

> **輸入的提示詞**
>
> 為了達成X，請向我提問。
>
> 為了達成這個目標，請不斷地（或是永遠）向我提問，直到滿足條件Y為止。

一開始先告訴大型語言模型想要達成的工作X，請大型語言模型針對工作X提出問題，然後讓大型語言模型不斷地發問，直到滿足條件Y為止。

比方說，筆者總是不知道該怎麼替家人或朋友選禮物，所以讓我們問問大型語言模型該怎麼挑選禮物。此時可試著輸入下列的提示詞。結束發問的條件是大型語言模型已經提供了充分的資訊：

> **輸入的提示詞**
>
> 我想要替朋友挑禮物，請向我發問。
> 請不斷發問，直到得到必要的資訊。
> 請提出第一個問題。

最後之所以追加「請提出第一個問題」，是為了避免大型語言模型一口氣列出一大堆問題，也就是讓大型語言模型一次問一個問題。

　　結果，大型語言模型問的第一個問題是「請告訴我對方的性別」。接著又問：

> **模型的回答**
> 能否告訴我對方的興趣或喜歡的事物？

> **輸入的提示詞**
> 喜歡去山裡露營

> **模型的回答**
> 去露營時，使用了哪些露營用具？對方是否提過想要哪些露營用具呢？

> **輸入的提示詞**
> 對方總是在找方便好用的露營用具

　　對話會像這樣繼續。接著，大型語言模型會一口氣提出一堆問題：

> **模型的回答**
>
> 對方是否會在露營時,使用特殊的道具或用品烹煮料理?
>
> 現在使用的帳篷或是睡袋實用嗎?
>
> 此外,對方希望這些用具升級嗎?
>
> 對方是否使用了露營燈或是頭燈這類露營照明用具呢?
>
> 對方對哪些戶外活動或是休閒活動有興趣呢?
>
> 比方說,釣魚或是健行。除了露營用具之外,對方在從事戶外活動時,有沒有常用的用具或是想要的道具呢?

像這樣從不同的角度發問,可幫助我們回想與朋友之間的對話。比方說,我們想起朋友「想要一個新杯子」,也將這個資訊提供給大型語言模型。

結果大型語言模型便會針對這個杯子的素材、保溫功能發問,或是針對大小、容量、重量、品牌這類細節發問。

回答不易打破、質感不錯、具有保溫功能、大小適中又輕盈、雪諾必克(Snow Peak)這些答案後,最後會問「是要在網路還是在門市購買」:

> **模型的回答**
>
> 接下來,要在網路商店搜尋雪諾必克這個牌子的杯子,從中挑出符合上述條件(不易打破、質感不錯、具有保溫功能、大小適中又輕盈)的產品。雖然無法提供相關的連結,但建議您前往雪諾必克的官網或是大型戶外用品網路商店選購。

最終可以得到類似上述的答案。雖然就結果而言,大型語言模型只是不斷地提供理想的杯子款式,但如果能夠與外掛程式連動,瀏覽雪諾必克的官網,應該就能夠具體推薦適合的商品。

儘管最終沒有提供商品名稱,但的確縮減了禮物的選項,這樣的對話也變得很有意義。

在遇到問題時,我們常常沒辦法針對問題,擬定思考的流程與解決的方法,此時若能跟大型語言模型「聊一聊」,或許就能讓它幫忙整理思緒,找出必要的步驟,而這就是翻轉互動模式。

3-6

少量樣本提示模式

> Show, don't tell（用展示，不要用說的）

利用龐雜的資料進行訓練的大型語言模型能夠了解多種語言與語境。一如前面介紹的提示模式，能否順利取得知識是活用大型語言模型的關鍵。

能快速從大型語言模型導出答案的魔法之一就是**少量樣本提示模式**（Few-shot）。所謂的少量樣本提示模式就是給予模型少量的範本（shot），將模型引導至特定方向的提示模式。

輸入提示詞時，列出幾個範例就能讓大型語言模型朝特定的方向運作。這個創意是於 Language Models are Few-Shot Learners（語言模型可透過少量樣本學習）* 這個在 2020 年發

---

* Language Models are Few-Shot Learners by Tom B. Brown, Benjamin Mann, Nick Ryder, Melanie Subbiah, Jared Kaplan, Prafulla Dhariwal, Arvind Neelakantan, Pranav Shyam, Girish Sastry, Amanda Askell, Sandhini Agarwal, Ariel Herbert-Voss, Gretchen Krueger, Tom Henighan, Rewon Child, Aditya Ramesh, Daniel M. Ziegler, Jeffrey Wu, Clemens Winter, Christopher Hesse, Mark Chen, Eric Sigler, Mateusz Litwin, Scott Gray, Benjamin Chess, Jack Clark, Christopher Berner, Sam McCandlish, Alec Radford, Ilya Sutskever, and Dario Amodei(arXiv.2005.14165/2020) https://doi.org/10.48550/arXiv.2005.14165

表首次發表的論文。這是機械學習領域的一大突破，因為傳統的機械學習模型在進行訓練時，人類必須大量提供專為工作設計的標籤資料。這類專為工作設計的標籤資料愈多，大型語言模型的精確度就愈高，但是，大型語言模型卻能以極少的樣本學習新工作。直到 2024 年 5 月為止，這篇論文已被引用了超過 2 萬 4,000 次以上，可見這篇論文有多麼重要。

少量樣本提示模式很像是一位資深的教練。比方說，曾有教練針對筆者的說話方式給予建議。這位教練瞬間發現筆者說話的問題，也告訴我該怎麼說話，才能讓聽眾更快了解我的想法。筆者的鼻音很重、說話不夠清楚，為了改善這個問題，如今都會在說話之前深呼吸，再用力吐氣，直到聲音變得清楚為止。這個方法就是這位教練教我的。自此，我都會在線上會議使用這個方法，也得到很不錯的成效。

一如這位資深的教練，在提示工程的世界獲得大量語言知識的大型語言模型，不需要太多樣本，只需要少數的樣本或是提示詞，通常就能產生前後一致的理想答案。簡單來說，大型語言模型很擅長從最少的線索找到標準化的規則。

透過少量樣本提示模式分析情緒

接著要介紹根據文本推測情緒的**情緒分析**（Sentiment Analysis），了解少量樣本提示模式的使用範例。

建立分析文章之中的情緒，將情緒分成「肯定」、「否定」、「中立」的模型。比方說，可輸入下列的提示詞。

> **輸入的提示詞**
>
> 輸入：陽光明媚，鳥兒高聲歡唱的早上。　　情緒：肯定
> 輸入：找不到遙控器　　　　　　　　　　　情緒：否定
> 輸入：餐具放在廚房　　　　　　　　　　　情緒：中立
> 輸入：今天早上的咖啡特別好喝　　　　　　情緒：空白

模型會從前三個範例分析模式，再分析「今天早上的咖啡特別好喝」這個句子的情緒。結果會將這個咖啡的句子分類：

> **模型的回答**
>
> 肯定

像這樣提供幾個範例給大型語言模型，就能讓模型將大量的知識與推論能力用於特定的工作。

在此希望大家注意的是，我們沒有告訴大型語言模型該做什麼，也沒有指定推論與回答的相關規則。儘管沒有告訴大型語言模型「請將上述的文章分類成三種情緒」這類指示，大型語言模型還是根據提示詞之內的模式進行推測。換句話說，就是讓大型語言模型透過標籤了解這些句子的意義，限制大型語言模型的產出結果。這次的產出結果指定為「情緒」，但是即使指定為「產出」，也一樣能得到「肯定」這個結果。

如果只給予「輸入」會得到什麼結果？比方說，「輸入：今天早上的天氣不錯，但是非常冷。」，有可能會傳回「情緒：中立」這種帶有標籤的答案。這代表大型語言模型會根據提示

詞的內容學習模式，而且會在看了輸入的句子之後，根據學到的模式預測後續的詞彙應該是「情緒」這個標籤。

使用少量樣本提示模式，就不需要告訴大型語言模型該怎麼做，只要給予少數的範例即可達到想要的目的。這可說是非常厲害的模式。

零樣本／單一樣本／少量樣本

剛剛介紹的提示詞稱為「單一樣本提示」或是「少量樣本提示」。顧名思義，兩者的差異在於是只給一個樣本，還是給予少量的樣本。相較於這兩種模式，完全不給予樣本的提示詞稱為「零樣本提示」。

單一樣本提示特別適合以大量資料訓練，透過單一範例通用化的大型語言模型。範例會被當成產生答案的「語境」使用，模型會產生與語境有關的答案。

反觀少量樣本提示則會提供少量的樣本。與單一樣本提示的相同之處在於能讓模型知道特定工作的語境，而兩者的差異之處在於模型能從多個樣本找出模式，再讓這些模式標準化*，還能針對新的輸入內容利用這些模式執行工作。

接下來，讓我們進一步了解單一樣本與少量樣本的差異，看看這兩種模式因為給予的樣本，產生哪些不同的結果。

---

* 從多個樣本找出模式的「歸納」能力是機械學習模型最厲害的地方，大型語言模型能在接受提示詞之後，瞬間歸納出結果。相較於前提為真，結論必定為真的「演繹」，「歸納」具有邏輯跳躍的特性，這是機械學習模型的特徵，也是電腦會如人類一樣犯錯的原因之一。

讓我們思考根據報導的標題指定報導類型的工作。新聞網站會根據不同的類型提供不同的報導，而我們可以試著將報導分類成「科技」、「商業」、「體育／文化」和「職涯／教育」這四個類型。

首先是單一樣本的範例：

> **輸入的提示詞**
>
> 輸入：Twitter變更標誌 源自經營困難。
> 產出：科技
> 輸入：Meta公司推出的新社群媒體Threads也面臨流失使用者的問題，DAU於幾天之內減少20%
> 產出：空白

產出結果是「社群媒體」。雖然這個答案100%正確，但我們還是希望能夠分類成上述四個類型之一的「科技」。不過，我們沒有透過具體提示詞預設類型，所以無法產出「科技」也很正常。

接著，讓我們試試少量樣本提示模式的結果：

> **輸入的提示詞**
>
> 輸入：Twitter變更標誌源自經營困難。
> 產出：科技
> 輸入：新興社群媒體Threads也面臨流失使用者的問題，DAU於幾天之內減少20%

> 產出：科技
> 輸入：味之素（Ajinomoto）與國內外新創公司合作的「真正目的」
> 產出：商業
> 輸入：搭載生成式AI的Office「月費30美元」合適嗎？
> 產出：空白

　　這次的產出結果為「科技」。儘管我們希望的產出結果是「商業」，但只有上述的內容，很難判斷該分類為科技還是商業，所以結果也模稜兩可。

　　少數樣本是模型學習模式的重要資訊，所以給予適當的樣本非常重要。

根據部落格的內容產生標題

　　單一樣本與少量樣本模式的用途，不僅止於情緒分析或報導分類這類工作，還能根據部落格的內容產生標題。

　　為了讓更多讀者讀到文章，就需要根據內容的重點以及主題替文章加上吸睛的標題。不過，要找到一針見血、言簡意賅的標題不大容易，而且還要考慮 SEO 這類關鍵字最佳化的部分，所以撰寫標題可說是需要考慮許多因素，又很花時間的工作。

　　使用少量樣本提示模式，列出具體的部落格標題，就能

讓模型了解標題該具備哪些內容。

讓我們先以單一樣本模式讓模型接受簡單的部落格內容，以及該部落格的標題。下列是日本雅虎（Yahoo! JAPAN）新聞以及該新聞標題的範例：

> **輸入的提示詞**
>
> 內容：社群媒體服務X於10月25日採用新功能，開放使用者進行視訊通話與語音功能
> 標題：採用X使用者的通話功能
>
> 內容：伊藤園（Itoen）的「喂，好茶 兒茶素綠茶」（お～いお茶　カテキン緑茶）的電視廣告使用「AI藝人」的原因，以及今後預定事項的採訪報導
> 標題：空白

大型語言模型會針對上述範例結尾處的「內容」，產生下列的「標題」：

> **模型的回答**
>
> 伊藤園、採用「AI藝人」的原因和展望

中間步驟的提示詞

上述的範例只有輸入（內容）與產出（標題），如果只需要這樣內容，就不需要另外追加限制。也可以提供輸入到產出的中間步驟給模型。

提供中間步驟，模型就能學習如何套用中間步驟的方法。比方說，在設定標題時，可以根據下列三個規則[*]。

1. 到底要說明什麼話題。
2. 將重點放在最重要的新聞
3. 縮減成一看就懂的長度

讓我們根據上述三個步驟，思考「OpenAI 的 ChatGPT 奪走人類工作的可能性」這個部落格文章的標題：

1. 到底要說明什麼話題→ AI 的進化
2. 將重點放在最重要的新聞→ ChatGPT 會奪走我們的工作嗎？
3. 縮減成一看就懂的長度→最多 30 個字

---

[*] 參考：《朝日新聞記者在麻省理工學院MBA完成的戰略商業文章術》（暫譯，原書名『朝日新聞記者がMITのMBAで仕上げた戰略的ビジネス文章術』，野上英文著，中央經濟社，2022年）

根據上述的步驟產生標題,有可能會得到「AI的:ChatGPT會奪走我們的工作嗎?」這個標題。

提供這類中間步驟,模型就能根據這些步驟思考標題。

讓我們實際輸入提示詞看看:

輸入的提示詞

內容:OpenAI的ChatGPT奪走人類工作的可能性
論點:到底要說明什麼話題
產出:AI的進化
論點:最重要的新聞是什麼
產出:ChatGPT會奪走我們的工作嗎

內容:研究論文指出,具有情緒的提示詞能提升大型語言模型產出的精確度
論點:到底要說明什麼話題
產出:大型語言模型的提示詞
論點:最重要的新聞是什麼
產出:具有情緒的提示詞能提升大型語言模型的精確度
論點:想出不超過30個字的標題
產出:帶有情緒的提示詞可提升AI精確度

內容:目前已知,大型語言模型不僅了解「人類的一言一行」,還能夠靈活地了解新的表達方式
論點:空白

輸入這個提示詞，大型語言模型就會依照中間步驟產生「AI 的進化：靈活應對新的表達方式」這個標題：

> **模型的回答**
>
> 到底要說明什麼話題
> 產出：大型語言模型的理解能力提升
> 論點：最重要的新聞是什麼
> 產出：大型語言模型能靈活應對新的表達方式
> 論點：想出不超過30個字的標題
> 產出：AI 的進化：靈活應對新的表達方式

雖然第一行的「論點：」消失了，但其實這是因為前面輸入提示詞的問題已經先輸入了「論點：」，所以這樣的內容是正確的。

自動產生範例

少量樣本提示模式的大型課題可產生作為提示詞的範例，因此可以請大型語言模型產生範例。比方說，可以請大型語言模型產生能夠產生上述標題的範例。

為此，讓我們在上述的提示詞加入：

> 輸入的提示詞
>
> 請繼續舉例。
> 內容：空白

　　這類提示詞，大型語言模型就會產出能產生標題的內容範例，再根據前述的三個步驟產出標題：

> 模型的回答
>
> 內容：遠距醫療會隨著AI如何改變的文章
> 論點：到底要說明什麼話題
> 產出：AI與遠距醫療的整合
> 論點：最重要的新聞是什麼
> 產出：AI的進步會讓遠距醫療產生什麼變化
> 論點：想出不超過30個字的標題
> 產出：AI革命開創的遠距醫療的未來
>
> 內容：與自動駕駛的安全性有關的最新研究與課題
> 論點：到底要說明什麼話題
> 產出：自動駕駛的研究進展
> 論點：最重要的新聞是什麼
> 產出：自動駕駛的安全性有何進步與課題
> 論點：想出不超過30個字的標題
> 產出：自動駕駛的安全性：進步與有待解決的課題
> ……

大型語言模型產生的這些範例，當然還是需要人類檢查品質，否則很有可能產生一大堆品質低劣的標題，但比起從零開始尋找標題，從草稿改起還是比較省時省力。

　　其實有些負責開發的職場已經透過大型語言模型自動產生少量樣本的實例以及追加學習所需的資料集。就快速產生優質資料集這點而言，人類與大型語言模型合作可說是非常實用的方法。

3

第 4 章

觸發式提示詞的威力

4-1　Chain-of-Thought 模式
4-2　Chain-of-Verification 模式
4-3　退一步提示模式
4-4　後設認知提示模式

讓大型語言模型進行特定回應與思考過程的範本提示詞，稱為**觸發式提示詞**（Trigger Prompt）或是引導式提示詞（Leading Prompt）。比方說，第 3 章「人物誌模式」的「請扮演〇〇角色」就是要求大型語言模型「依照某種角色思考與發言」，所以也算是觸發式提示詞的一種。

　　目前已有各式各樣的觸發式提示詞，而其中最有名的就是本章 4-1 節介紹的「零樣本思維鏈模式」。這種模式只是在問題的最後加上「請試著一步步拆解問題」這種字眼（觸發式提示詞）而已。也可以在「一步步」前面加上「基於常識」或是「像個偵探」這種修辭。

　　這句短短的咒語可讓模型依序列出每個步驟，直到導出解答為止。我們不僅可以透過提示詞要求大型語言模型回答問題，還能要求大型語言模型列出相關的步驟與策略。令人驚訝的是，目前已知觸發式提示詞可作為某種「提示」或「線索」，讓模型提供內存的知識，誘發與大幅強化大型語言模型的推論能力。

　　本章將為大家介紹這種觸發式提示詞的範例與使用方法。

4-1

Chain-of-Thought 模式

依序思考

面對數學題目時，如果能想出從頭到尾的步驟，之後只需要一步步解決每個關卡，就能自行算出正確解答。尤其在數學考試時，能不能一看到題目就立刻想到解題方法，是能否拿高分的關鍵。

除了數學題目之外，透過客觀的推論佐證自己的主張或是想法也非常重要。列出主張的理由以及佐證理由的各種客觀事實或實例，能讓你的主張更具說服力。

這種符合邏輯的過程稱為**思維鏈**（Chain-of-Thought），一般會簡稱為 **CoT** 模式，也有許多人於大型語言模型應用這種模式。讓模型在提出解答或是結論時，說明背後的推理過程，就能提升最終答案的精確度。除了人類之外，讓大型語言模型說明推理的理由，也能提升大型語言模型的功能。這應該與大型語言模型一直以來都是透過各種語境訓練有關。當推論

過程變得更具體，就能進一步提升模型預測的準確率。

簡單來說，CoT 模式就是先給模型幾組問題與思維鏈（CoT）的樣本，然後再提出最終問題的模式。這種模式可一步步拆解問題，要求大型語言模型根據邏輯以及步驟解決問題。

提示詞的範例

比方説，讓我們一起思考下列的問題。

這是問約翰的 2 間房子共有幾扇窗戶的問題（案例引用自 S. Yıldırım 的 Chain of Thought Prompting Facilitate LLMs Reasoning Abilities）*：

> **輸入的提示詞**
>
> 約翰有2間房子。每間房子都有3間寢室，每間寢室都有2扇窗戶。這兩間房子都有1個廚房，每個廚房都有2扇窗戶。除了寢室與廚房之外，還有5扇窗戶。請問約翰家總共有幾扇窗戶？

如果向 ChatGPT 輸入這種提示詞，可以得到下列答案：

---

* Chain of Thought Prompting Facilitate LLMs Reasoning Abilities by S. Yıldırım
https://towardsdatascience.com/chain-of-thought-prompting-facilitate-llms-reasoning-abilities
=313cd7714938?gi=d3030575d538

> 模型的回答
>
> 以約翰的一間房子為例，寢室的窗戶為3間房間×2扇窗=6扇窗，廚房的有2扇窗，其他還有5扇窗，所以總共有6+2+5=13扇窗。
>
> 由於約翰有兩間房子，所以窗戶的總數為13扇×2=26扇窗。

最後的「26扇」是正確解答。ChatGPT 4 在 2024 年 5 月之際，是性能最強悍的模型之一，也順利算出正確答案。這個範例先計算了寢室的窗戶、廚房的窗戶，再加上其他窗戶，然後根據房子的數量乘以 2 倍，算出最終的答案，但其實也可以利用其他的順序加總窗戶，或是在乘以房子的數量之前先分類加總。這類問題通常有許多計算方式。

如果利用性能較差的模式（這次使用的是 ChatGPT 3.5）計算這個問題，會得到下列結果：

> 模型的回答
>
> 房子的寢室有3扇窗戶，廚房的窗戶有2扇，其他的窗戶有5扇，所以一間房子的窗戶共有10扇。
>
> 由於約翰有2間房子，所以總共有20扇窗戶。

這個範例產出了錯誤答案。看起來是在計算一間房子有

幾扇窗戶時出錯,但為什麼會算錯卻無從得知。

接下來讓我們試著以 CoT 模式讓同一個模型(ChatGPT 3.5)計算這個問題。先以少量樣本的方式給予類似的問題,最後再輸入剛剛的窗戶總數問題:

輸入的提示詞

Q:林子裡面有15棵樹。作業員今天要在林子裡種樹。種完樹之後,林子裡面有21棵樹。請問作業員今天種了幾棵樹?

A:一開始有15棵樹,種樹之後,增加至21棵樹,所以作業員今天種了21-15=6棵。答案是6棵。

Q:停車場原本有3台車,後面有2台車開來,所以現在停車場有幾台車?

A:一開始有3台,後面多了2台,所以現在有3+2=5台。答案是5台。

Q:蕾拉有32個巧克力,她的姐姐有42個巧克力。如果她們兩個吃了35個巧克力,總共會剩幾個巧克力?

A:蕾拉一開始有32個巧克力,她的姐姐有42個巧克力,所以她們共有32+42=74個巧克力。吃了35個巧克力之後,她們還剩下74-35=39個巧克力。答案是剩下39個。

Q:約翰有2間房子。每間房子都有3間寢室,每間寢室都

有2扇窗戶。這兩間房子都有1個廚房，廚房都有2扇窗戶。除了寢室與廚房之外，還有5扇窗戶。請問約翰家總共有幾扇窗戶？

A：空白

接下來，就正確地算出答案了：

模型的回答

每間房子各有3間寢室，每間寢室各有2扇窗戶，所以2間房子的寢室共有3×2=6扇窗戶。此外，每間房子都有1間廚房，廚房都有2扇窗戶，所以每間房子的廚房共有2×1=2扇窗戶。此外，除了寢室與廚房之外，每間房子另有5扇窗戶，所以每間房子共有6+2+5=13扇窗戶。由於約翰有2間房子，所以窗戶總數為13×2=26扇窗戶。約翰的房子總共有26扇窗戶。

此外，由於範例給予了思考過程，所以在導出這個問題的答案時，也說明了具體的思考過程，我們也能夠確認大型語言模型是根據這個過程得出正確答案。

零樣本思維鏈模式

不過，為了要導出這種正確解答，需要輸入這麼多的範例的話，這讓 CoT 模式變得很難應用，因為我們不知道該輸

入哪些範例才能得到更正確的答案,必須不斷地嘗試與犯錯,找出優質的範例。

於是便出現了**零樣本 CoT** *(Zero-shot CoT)模式這種方法。這只是在問題的最後追加「試著一步步解決問題」或是「試著一步步思考」這種觸發式提示詞的模式。使用這種模式就能跳過給予少數樣本的步驟,得到與 CoT 模式一樣的效果。

讓我們趕快試看看:

> **輸入的提示詞**
>
> 約翰有2間房子。每間房子都有3間寢室,每間寢室都有2扇窗戶。這兩間房子都有1個廚房,廚房都有2扇窗戶。除了寢室與廚房之外,還有5扇窗戶。請問約翰家總共有幾扇窗戶?<u>請一步步思考問題。</u>

標示底線的部分就是觸發式提示詞。ChatGPT 3.5 的回答如下:

> **模型的回答**
>
> 1. 首先,1間房子有3間寢室,每間寢室有2扇戶,所以1間房子有3X2=6扇窗戶。
> 2. 其次,1間房間有1間廚房,每間廚房有2扇窗戶,所以

---

* Large Language Models are Zero-Shot Reasoners by Takeshi Kojima, Shixiang Shane Gu, Machel Reid, Yutaka Matsuo, and Yusuke Iwasawa(arXiv.2205.11916/2022)
https://doi.org/10.48550/arXiv.2205.11916

> 有2扇窗戶。
> 3. 再者，每間房子除了寢室與廚房之外，還有5扇窗戶，所以共有5扇窗戶。
> 4. 加總上述的結果之後，1間房子共有6+2+5=13扇窗戶。
> 5. 約翰有2間房子，所以2間房子的窗戶分別為13扇。
> 6. 因此，約翰的房子共有2X13=26扇窗戶。

不需要給予範本，就得到正確答案了。

補充

以「逐步思考」這句話，要求大型語言模型更謹慎地解題就能提升準確率，是非常值得玩味的現象，因為這個意思是，以不同的態度要求大型語言模型，會得到不同的推論精確度。有報告指出，愈是大型的模型愈能發揮 CoT 模式或是零樣本 CoT 模式的威力。換句話說，愈是大型的模型擁有愈多知識，也包含了更多人格、個性與思考方式。大型語言模型平常有可能都是比較隨性的人格，但是當你要求它謹慎一點，要它「一步步思考」，它就會真的一步步思考。這簡直就是在激發大型語言模型的潛力一樣。

4-2

Chain-of-Verification 模式

驗證的分治

驗證鏈（Chain-of-Verification，CoVe）模式 * 是用來減少 CoT 模式產生幻覺的手法。

第 3 章的 3-4 節認知驗證模式提到，將問題拆解成多個小問題，就能在遇到抽象的問題時，提供優質的回答。CoVe 與這種分治法的原理相同，但是 CoVe 模式是拆解得到的答案，再針對這些答案驗證，進而確保所有答案的正確性。

使用 CoT 模式時，會透過提示詞讓模型分段進行推論，所以模式有可能會在中途產生幻覺或是產生錯誤的推論結果。一般來說，當模型產生了相對較長的文章，其中就有可能掺雜錯誤的言論，反過來說，驗證較短的文章比較容易。CoVe 模

---

* Chain-of-Verification Reduces Hallucination in Large Language Models by Shehzaad Dhuliawala, Mojtaba Komeili, Jing Xu, Roberta Raileanu, Xian Li, Asli Celikyilmaz, and Jason Weston (arXiv.2309.11495/2023)
https://doi.org/10.48550/arXiv.2309.1149

式就是在得到長篇大論的回答後,將回答拆解成容易驗證的簡短回答,再自動產生驗證這些簡短回答的問題。

產生用於驗證回答的問題,再驗證這些問題的方法共有兩種。其中較為簡單的方法就是透過一個觸發式提示詞,執行從驗證到最終答案這一連串的步驟。另一種相對複雜又精煉的方法就是利用不同語境的提示詞進行驗證,最後再統整這些提示詞的產出結果。接下來讓我們一起了解這兩種方法的優缺點與處理流程。

使用觸發式提示詞的方法

CoVe 模式有下列四個步驟:

1. 針對問題產生原始回答。
2. 針對原始回答的多個論點產生多個用來校正錯誤的驗證問題,
3. 針對所有驗證問題產生回答。
4. 根據驗證結果產生最終回答。

這一連串的流程可在原始問題加入一個觸發式提示詞執行。

讓我們一起看看以 ChatGPT 3.5 使用 CoVe 模式的實際範例(例題從原著論文引用)。一開始先介紹以未經設計的提示詞會得到什麼結果:

輸入的提示詞

請列出幾位於紐約市出生的政治家。

輸入上述的提示詞後,有可能會得到下列的結果:

模型的回答

在紐約市出生的政治家非常多位,下列為其中幾位:

1. 希拉蕊・柯林頓(Hillary Clinton)－美國政治家,前美國國務卿與美國參議員。她在紐約市布魯克林區出生。
2. 唐納・川普(Donald Trump)－第45任美國總統,在紐約市皇后區出生。
3. 麥克・布隆伯格(Michael Bloomberg)－擔任紐約市市長的企業家與政治家。雖然他在波士頓出生,卻長期在紐約活動,是聞名遐邇的市長。
4. 查克・舒默(Charles Schumer)－美國參議院議員,多數黨領袖。他在紐約市布魯克林區出生。

這些只是在紐約市出生的政治家的一部分,實際上有許多政治家都在紐約市出生,目前也仍活躍於政壇。

其實希拉蕊・柯林頓在芝加哥市出生,麥克・布隆伯格在波士頓市出生,所以上述的答案是錯誤的。

CoVe 模式可在上述的原始問題添加下列的觸發式提示

詞組成：

> **輸入的提示詞**
>
> 想問的問題
> 請列出幾位在紐約市出生的政治家。
> 加入以下的觸發式提示詞。
> 1. 請簡潔回答上述問題。
> 2. 請列出所有回答之中的事實,產生驗證這些事實的問題。
> 3. 請回答所有驗證問題。
> 4. 請根據驗證結果針對原始問題產生最終答案。

步驟 1 的提示詞故意加上「簡潔」這個字眼,是為了避免模型在第一個回答追加了目標姓名之外的資訊,但有些原始的問題不需要特別加註「簡潔」這類字眼。

以下是實際產生的答案：

> **模型的回答**
>
> 1. 在此列出幾位在紐約市出生的政治家。
>   － 希拉蕊・柯林頓
>   － 唐納・川普
>   － 魯道夫・朱利安尼
>   － 麥克・布隆伯格
> 2. 接著產生驗證上述事實的驗證問題。
>   － 事實：希拉蕊・柯林頓在紐約市出生。

- 驗證問題：希拉蕊·柯林頓在何處出生？
- 事實2：唐納·川普在紐約市出生。
- 驗證問題：唐納·川普在何處出生？
- 事實3：魯道夫·朱利安尼是紐約市出生。
- 驗證問題：魯道夫·朱利安尼在何處出生？
- 事實4：麥克·布隆伯格在紐約市出生。
- 驗證問題：麥克·布隆伯格是在何處出生？

3. 回答驗證問題。
- <u>希拉蕊柯林頓在伊利諾州芝加哥出生。</u>
- 唐納·川普在紐約皇后區出生。
- 魯道夫·朱利安尼在紐約布魯克林區出生。
- <u>麥克·布隆伯格在麻薩諸塞州波士頓出生。</u>

4. 根據驗證結果產生最終答案。

針對紐約市出生的政治家這個問題的正確資訊如下。
- 希拉蕊·柯林頓不是在紐約市出生，而是在伊利諾州芝加哥出生
- 唐納·川普在紐約市出生，而且是在紐約皇后區出生。
- 魯道夫·朱利安尼在紐約市出生，而且是在紐約布魯克林區出生。
- 麥克·布隆伯格不是在紐約市出生，而是在麻薩諸塞州波士頓出生。

因此根據正確資訊修正最終答案。

最終答案：列出在紐約市出生的政治家。

> ─ 唐納‧川普
> ─ 魯道夫‧朱利安尼
> 上述的政治家在紐約市出生。

　　底線標示了透過驗證問題修正的部分，模式正確修正了最初的答案，也產生了正確的最終答案。

　　雖然我很想這麼說，但大家都知道，上述的過程並不簡單，因為有時候得不斷地執行這個流程，才能得到如此正確的答案，否則模型會一直提供「希拉蕊‧柯林頓在紐約市出生」這個錯誤的答案，而且每次產出的答案都不一樣，有時候還會因為指定的工作太困難而無法訂正錯誤。

　　儘管這次顯示了類似單方論證＊的結果，但應該能夠了解 CoVe 模式產生驗證問題，以及利用驗證問題導出最終答案的過程與機制，也能明白這種模式減少了幻覺的方法。可以只憑觸發式提示詞提升答案品質，真的是太方便了。

分類語境的方法

　　4-1 節的觸發式提示詞實驗，之所以會一直產生錯誤的答案，原因之一有可能是利用單一的提示詞執行多個處理時，每個驗證問題的結果與原始答案以及其他的驗證問題互相干擾所致。這種情況與第 2 章的 2-1 節語境的說明一樣，答案都是在

＊　只呈現成功的部分（不呈現失敗的結果）

相同的語境之下產生的。介紹 CoVe 模式的論文也提出了這種「語境汙染」的問題。

方法之一就是讓驗證問題與原始答案分開,再分別執行驗證問題。換句話說,先讓剛剛的實驗執行到產生驗證問題的步驟 2,再以不同的語境針對步驟 3 的驗證問題產生答案。

讓我們試著以完全不同的提示詞,執行剛剛在步驟 2 產生的 4 個驗證問題:

> **輸入的提示詞 1**
> 希拉蕊・柯林頓在何處出生?請簡潔回答問題。

> **模型的回答 1**
> 希拉蕊・柯林頓在美國的伊利諾州芝加哥出生。

> **輸入的提示詞 2**
> 唐納・川普在何處出生?請簡潔回答問題。

> **模型的回答 2**
> 唐納・川普在美國的紐約市出生。

> **輸入的提示詞 3**
> 魯道夫・朱利安尼在何處出生?請簡潔回答問題。

> **模型的回答3**
>
> 魯道夫・朱利安尼在美國的紐約市出生。

> **輸入的提示詞 4**
>
> 麥克・布隆伯格在何處出生？請簡潔回答問題。

> **模型的回答4**
>
> 麥克・布隆伯格在美國的麻薩諸塞州波士頓出生。

　　這次為了避免產生額外的答案，在自動產生的四個驗證問題的結尾加上「請簡潔地回答問題」。模型似乎對這些驗證問題分別產生了正確答案。

　　為了得到最終的答案，在此重新設計下列的提示詞，其中包含了原始的問題、答案，以及上述的驗證結果：

> **輸入的提示詞**
>
> 根據「驗證結果」驗證下列的題目與答案，再產生修正之後的「最終答案」。
>
> ● 問題
> 請列出幾位在紐約市出生的政治家。
>
> ● 答案

― 希拉蕊‧柯林頓

　― 唐納‧川普

　― 魯道夫‧朱利安尼

　― 麥克‧布隆伯格

● **驗證結果**

Q. 希拉蕊‧柯林頓在何處出生？
A. 希拉蕊‧柯林頓在美國的伊利諾州芝加哥出生。

Q. 唐納‧川普在何處出生？
A. 唐納‧川普在美國的紐約市出生。

Q. 魯道夫‧朱利安尼在何處出生？
A. 魯道夫‧朱利安尼在美國的紐約市出生。

Q. 麥克‧布隆伯格在何處出生？
A. 麥克‧布隆伯格在美國的麻薩諸塞州波士頓。

產出的結果如下：

模型的回答（最終答案）

根據驗證結果修正的最終答案如下：

> ● 最終答案
> 請列出幾位在紐約市出生的政治家。
> 　－　唐納・川普
> 　－　魯道夫・朱利安尼
> 希拉蕊・柯林頓與麥克・布隆伯格雖然是知名的美國政治家，卻不是在紐約出生，而是分別在伊利諾州與麻薩諸塞州出生，因此他們無法在此清單列名。

這次也完美地產出正確答案。

補充

比起僅以單個提示詞執行所有處理的前者而言，後者這種分割處理的優點在於更容易找到正確解答，而且能更靈活地設計驗證答案的過程。換句話說，可以視情況利用不同的語境進一步設計不同的驗證問題。

另一方面，這種方法的難處在於得分別執行每個驗證問題，然後整合驗證結果，再產生最終答案，而要寫出這種提示詞是很花時間的。開啟多個瀏覽器分頁或是文字編輯器，再手動輸入提示詞，然後透過剪貼、複製與貼上的步驟輸入提示詞，是相當費時費力的。當然也可以透過模型提供的 API [*] 自動化這一連串的處理，但這時候就得撰寫程式。比起 CoT

---

[*] API 就是透過外部程式使用軟體的方法。詳情請參考第5章5-2的說明。

或是少量樣本模式這只需要輸入提示詞就能得到答案的方式而言，使用者或許會覺得這種分割處理的方式需要一定的技術。

此外，CoVe 模式使用的也是通用的觸發式提示詞，所以是否適用，端看工作的性質而定。比方說，讓我們試著思考下列這種算術的推論工作：

> **輸入的提示詞**
>
> 珍妮的鴨子每天生16顆蛋。她每天早餐吃掉3顆，每天為了替朋友烤杯子蛋糕用掉4顆。剩下的鴨蛋以每顆2美元的價格賣出，請問她每天賺多少錢？
> <mark>在這裡輸入CoVe模式的觸發式提示詞。</mark>

使用 CoVe 模式的話，會列出答案之中的事實，再根據各項事實產生驗證答案。比方說，會出現下列的流程：

> **模型的回答**
>
> 1. ……
> 2. 為了驗證各項事實的正確性產生驗證問題。
>   － 珍妮的鴨子每天產16顆蛋是事實嗎？
>   － 珍妮每天早餐習慣吃蛋是事實嗎？
>   － 每顆蛋能賣2美元是事實嗎？
>   － ……
> 3. ……

從驗證問題來看，會有現所有計算條件都變成驗證對象，卻不具備驗證計算步驟與計算結果的意義。由此可知，CoVe 模式不適合用來處理這類問題。

　　要想活用提示模式，就得針對工作的性質選擇適當的提示模式，不然就得調整提示模式，再用來處理工作。

4-3

退一步提示模式

退後一步再思考

4-2 節介紹了用來減少幻覺與錯誤推論的 CoVe 模式。從輸入提示詞、產生初始回答與最終回答的流程來看，這種模式可說是事後「訂正」模型答案的方法。

另一方面，也有人從完全不同的思維提出了提升模型推論能力的方法，也就是於「試著退後一步（Take a Step Back *）」這篇研究論文提出的**退一步提示模式**。退一步提示模式不是直接透過提示執行工作，而是先透過提示讓模型從俯瞰的角度思考，確定背景知識，奠定推論的基礎之後，再執行工作。如此一來，就能讓模型先與具體的工作保持距離，看清問題的全貌，找出問題背後更高層次的概念、原理與關係，再

---

* Take a Step Back：Evoking Reasoning via Abstraction in Large Language Models by Huaixiu Steven Zheng, Swaroop Mishra, Xinyun Chen, Heng-Tze Cheng, Ed H. Chi, Quoc V Le, and Denny Zhou (arXiv.2310.06117/2023)
https://doi.org/10.48550/arXiv.2310.06117

根據這些結果行推論。這就是先完整理解工作的背景資訊，提升模型推論能力的提示模式。

退一步提示模式與 CoT 模式不同，不會在事後修正推論過程之中，必定發生的錯誤，而是從一開始就「減少錯誤」的方法。有報告*指出，Google PaLM-2L 與退一步提示模式的組合足以與 GPT-4 匹敵，甚至性能超越了 GPT-4，更能處理各式各樣的工作，例如需要各種知識的工作，需要具備科學、工學、數學思維的工作，或是需要多重思考步驟的工作。儘管這種方式無法避免幻覺產生，卻是能誘發大型語言模型能力的提示模式。

提示詞的範例

退一步提示模式主要由兩大步驟組成，第一步是「抽象化」步驟，也就是找出與工作相關的高層次概念，第二步是根據這些概念解決工作的「推論」步驟：

1. 抽象化步驟：不是直接切入主題，而是給予與高層次概念或原理有關的「退一步問題」，列出相關的事實。
2. 推論步驟：根據上述抽象化步驟得到的概念、原理與事實，針對原始問題推導解決方案。

---

*　若是使用未經設計的提示詞，PaLM-2L 的推論能力通常不如 GPT-4。

因此，這個模式無法只以單個提示詞完成所有處理，必須不斷地對話才能解決問題。讓我們一起了解具體的範例（例題從原著論文引用）：

輸入的提示詞（原始問題）

理想氣體的壓力P在溫度T增加至2倍，體積V增加至8倍時，會產生何種變化？
1. P會減少為十六分之一。
2. P會減少為四分之一。
3. P會減少為二分之一。
4. P會增加4倍。

比方說，模型針對這個提示詞產生了下列的結果：

模型的回答

正確答案是1。理想氣體狀態方程式為PV=nRT。當溫度T增加2倍，體積V增加8倍，壓力P就會減少至十六分之一。

請注意，上述的答案是錯誤的。

底線標示的部分是錯誤答案，而正確的答案是2的「減少至四分之一」。有趣的是，儘管模型知道理想氣體狀態方程式PV=nRT，卻無法正確地套用公式。大型語言模型的「理解」與我們人類的「理解」似乎還是有些出入。

接下來，讓我們輸入退一步問題：

> **輸入的提示詞（退一步問題）**
>
> 請試著回答下列問題之中的物理原理。
> 在此輸入上述的原始問題。

> **模型的回答（退一步回答）**
>
> 理想氣體狀態方程式：PV=nRT
> 公式之中的P是壓力，V是體積，n是莫耳數，R是理想氣體常數，最後的T是溫度。

這就是抽象化步驟。接著，根據這個答案於接下來的推論步驟重新發問：

> **輸入的提示詞**
>
> 比方說，你是物理專家。接下來會提出物理的問題以及解決這類問題所需的幾個原理。
> 請根據上述的原理，透過一步一步的方式解決問題。
>
> 問題：在此輸入原始問題。
> 原理：在此輸入上述的退一步回答。
> 回答：空白

上述提示詞之中的「把你當成是物理專家」（人物誌模式）或是「透過一步步的方式」（零樣本 CoT 模式）這類觸發式提示詞，雖然都模仿了原始論文，但不是必要的提示。只要向模

型提出「問題」以及問題背後的「原理」,再要求模型回答,就等於是透過退一步提示模式解決問題。

假設這個提示模式的答案如下:

> **模型的回答(最終答案)**
>
> 套用理想氣體狀態方程式計算壓力。
>
> 當溫度增加至2倍,T就會變成2T,而體積變成8倍,代表V變成8V。
>
> 將這些值帶入理想氣體狀態方程式,可得到下列的結果:
>
> P(8V)= nR(2T)
>
> 將等號兩邊除以8V,可得到下列的結果:
>
> P = nr(2T)/ 8V
>
> 由此可知,<u>壓力減少為四分之一</u>。

從標示底線的部分可以得知,模型這次提供了正確答案。

自動產出退一步問題

在上述的範例之中,「請試著回答下列問題之中的物理原

理。」這類退一步問題是我們人類給予模型的問題。不過，我們常常想不到適當的退一步問題，沒辦法正確執行抽象化步驟，因為要找到優質的問題，往往得對問題本身有相當的理解。

這時候可以請模型思考退一步問題。**這種思維是活用大型語言模型非常重要的關鍵。**

比方說，讓我們一起思考下列的提問：

「請試著推測 2024 年 1 月，東京都內有幾家超市。」

前面說明認知驗證模式時，曾提過這種類似費米推論的範例。「統計資料之中的超市」*指出，2023 年 12 月底，東京都內的超市共有 3,034 間。假設這個數據為正確答案。

以下是於 ChatGPT 使用退一步提示模式的示範。

讓我們先直接提問：

> 輸入的提示詞
>
> 請試著推測2024年1月，東京都內共有幾間超市。有效位數需至2倍為止。
> 不可以使用搜尋引擎。

ChatGPT 4 可以透過搜尋引擎找出具體的事實，所以這

---

* 一般社團法人全國超市協會〈統計資料中的超市〉http://www.j-sosm.jp/

次故意要求 ChatGPT 4「不可以使用搜尋引擎」,讓它只能透過推論的方式回答問題:

> **模型的回答**
>
> 雖然手邊沒有2024年1月的資訊,但東京都是日本人口最多的都市,也有許多商業設施。一般來說,大都市都有幾百至幾千間超市,不過,像東京這種超大型都市有可能更多。若連同小型門市到大型連鎖超市都納入計算,有可能是非常大的數。若要推測至有效位數2位的程度,<u>有可能是幾千間左右,而「幾千間」應該是合理的說法。</u>不過,這終究是推測,正確的數字還是必須參考市場調查或是官方的統計資料。

以底線標示的部分為具體回答。雖然「幾千」這個答案不符合指定的有效位數,卻比剛剛的答案來得更好一點。

接著,讓我們試用退一步提示模式。

某個區域的超市數量主要是由人口密度、生活型態、市場趨勢、經濟狀況這些因素決定。這次要以下列的問題為退一步問題:

「請列出影響某區域超市數量的因素。」

不過,如果使用下列的觸發式提示詞會更加簡單:

> **輸入的提示詞(產生退一步問題)**
>
> <u>請針對下列的問題產生「退一步問題」,藉此取得回答所需的背景知識。</u>

> 問題：請試著推測2024年1月，東京都內共有幾間超市。有效位數需至十位數。

底線的部分就是觸發式提示詞。觸發式提示詞後面的「問題」與剛剛的問題相同。

觸發式提示詞本身是較為廣泛的內容，至於「東京都內」或「超市」這類具體的部分則要求模型參考「問題」的部分。這種方式等於將問題當成「參數」，也就是說，換成其他的問題，這個提示詞也一樣能夠使用，所以能於其他工作使用相同提示模式。

ChatGPT 的回答如下：

模型的回答（產生退一步問題）

下列為推測2024年1月東京都內超市數量至有效位數2位的「退一步問題」：

1. 東京的總人口數為何？
2. 東京的實際面積有多大？
3. 一般來說，一間超市能夠覆蓋多少人口與面積？
4. 東京的住宅與商業地區的分布情況如何？
5. 近年來，東京的超市業界有何趨勢？
6. 影響超市數量的地區性因素、經濟因素與社會因素為何？
7. 是否有調查東京超市數量的舊資料？
8. 除了東京之外，同規模的大都市大概有多少超市？

只是加入常見的觸發式提示詞，就得到許多非常具體的退一步問題。

接著，執行下列的步驟：

> **輸入的提示詞（退一步問題）**
>
> 請回答上述的退一步問題。如果無法提出事實，請進行推測。不可以使用搜尋引擎。

補上第二句之後，「無法提出事實⋯⋯」的部分可避免模型因為「不知道答題所需的知識」而放棄推論。至於「不可以使用搜尋引擎」的部分則與前面的範例一樣，要求模型禁止使用搜尋引擎，只能使用推論能力推測。

下列是有點長的退一步答案：

> **模型的回答（退一步答案）**
>
> 了解。下列是根據退一步問題的推測提供的答案。
>
> 1. 東京的總人口數為何？
>   2024年之際，東京都總人口推測為1,300萬人。根據過去的資料以及人口增減趨勢推測。
>
> 2. 東京的實際面積有多大？
>   東京都的總面積約2,200平方公里，除了核心地區的23區之外，還包含多摩與離島。

3.一般來說,一間超市能夠覆蓋多少人口與面積?
儘管地區與門市的大小不一,一間超市平均可覆蓋的人口約為3,000～5,000人,覆蓋的面積部分約為1～2平方公里。

4.東京的住宅與商業地區的分布情況如何?
東京都為商業區、住宅區、工業區混合的地區,核心地帶以商業地區為多,但是愈往郊外,住宅區愈多。

5.近年來,東京的超市業界有何趨勢?
近年來,東京的小型超市、超商逐漸增加,而大型門市則往郊外移動。此外,規模與日俱增的線上銷售也造成了影響。

6.影響超市數量的地區性因素、經濟因素與社會因素為何?
人口密度、所得水準、不動產價格、消費者的購買力與喜好、競爭公司是否存在、都市畫都是造成影響的主因。

7.是否有調查東京超市數量的舊資料?
我手邊沒有可以參考的資料,但市場調查公司或是業界團體都會提供這類資料。或許可根據過去幾年的資料分析傾向。

8. 除了東京之外，同規模的大都市大概有多少超市？
以紐約或是倫敦為例，人均1萬人的超市密度有可能與東京類似，或是稍微高一點，但這個數字是由都市的生活型態、土地利用方式與消費者的行為決定。

上述的答案是根據常識與推測產出，若需要正確的數字或是最新的資料，必須參考專業的市場調查或是官方統計數據。

看到模型瞬間產生如此精緻的答案，不得不再次感嘆，大型語言模型對人類社會的理解程度以及它的語言能力。如果是更嚴謹的用途，當然還需要檢驗這些退一步答案是否夾雜了幻覺。透過網路的資料驗證上述的答案之後，可以發現這些退一步答案大概是正確的。

最後，再提出集大成的問題：

輸入的提示詞

請根據上述的退一步答案，回答「請試著推測2024年1月，東京都內共有幾間超市。有效位數須至十位數。」這個原始問題。

最終的答案如下：

> **模型的回答**
>
> 根據上述的退一步回答推測2024年1月東京都超市數量，可得到下列的答案：
>
> - 從人口與超市的比例而言：東京的總人口約為1,300萬人，以1間超市覆蓋3,000～5,000人來看，或許會需要2,600至4,300間超市。
> - 從實際面積而言：東京的總面積約為2,200平方公里，如果每間超市平均可覆蓋1～2平方公里，理論上，應有1,100至2,200間超市存在。
> - 從都市特性而言：東京主要分成商業地區密集的核心地區與住宅區的郊外，小型門市較有可能於核心地區集中，大型門市則有可能於郊外分布。
>
> 綜合上述因素，東京很有可能有2,000至3,000間超市存在。不過，具體的數字會受到人口密度、土地利用方式、市場競爭程度、消費者行為而有所變動，所以這次提供的答案充其量只是大致的推測。
> 因此，若以有效位數2位的程度推測2024年1月東京超市數量，有可能為<u>2,500間</u>」。實際的數字必須透過市場調查或是官方統計資料確認。

以底線標示的「2,500間」為這次的答案，與正確答案的3,034算是接近。

就釐清問題背景以及各項因素的部分來看，這次介紹的方法與前一章介紹的認知驗證模式的費米推論類似，但是退一步提示模式的特徵在於除了拆解問題之外，還將重點放在背景與原理這點。

補充

退一步提示模式是用於提升推論能力的法寶，卻無法在能夠直接回答問題時發揮效果。比方說，「2000 年的美國總統是誰？」「光的速度有多快？」這類問題就不需要抽象的思考，而是需要知道具體的事實，所以抽象化步驟就顯得沒什麼意義。

此外，從「理想氣體狀態方程式」的例子也可以發現，大型語言模型不一定會把自己產出的內容當成推論的基礎。從人類的角度來看，這算是有點出人意表的性質，我們通常不大會把表裡不一、言行不一的人當成正常人，我們也覺得對方應該了解自己在說什麼，不過大型語言模型卻有違常理。

我們還不確定大型語言模型這種「雖不理解，卻能創造與創作」的特性今後會不會繼續改良，不過這個範例卻告訴我們，將模型產出的結果當成提示輸入模型，讓模型透過語境學習，就能懂得正確評估產出的結果。先將背景知識或是原理「化為語言」，然後再「當成提示輸入模型」似乎真的能幫助模型提升推論能力。

4-4

後設認知提示模式

學而不思則罔

之前介紹的 CoVe 模式或退一步提示模式都能重新處理模式的產出結果，再導出更好的推論結果。用更專業的術語來說，就是進行**迴歸**（Recursive、Recurrent）處理。

在數學或是資訊科技的世界裡，回收產出結果，再用於產出的迴歸處理其實不算罕見，例如迴歸函數這種函數就是在函數之中呼叫自己的函數。迴歸函數會於函數之中使用函數的傳回值（產出），再產生新的結果。階乘這種數學計算也是經典的迴歸處理：

```
function factorial(n)
    if n== 0 then
        return 1
    else
```

```
    return n * factorial(n-1)
end function
```

　　上述程式碼定義的 factorial 函數是以 n 為參數，在以底線標示的部分以 n - 1 為參數呼叫自己。假設 n=5，那麼函數內部就會進行 5×factorial(4) 的計算，到了 factorial(4) 之後，又會於內部進行 4×factorial(3) 的計算。上述的程式碼最終會產出 5×4×3×2×1=120 的結果。

　　大型語言模型與單純的迴歸函數不同，而且有趣的部分在於模型內部擁有能夠描述這個複雜世界，且具規律性的語言。

　　對我們人類而言，事後內省自己的一言一行是稀鬆平常的事，而且也是很高階的處理，將模型的產出結果傳回模型的操作等於是要求模型進行深度內省，讓模型進一步發揮潛力的方法。這與**後設認知**的概念接近。

　　這一節會先簡單地介紹後設認知，之後再介紹以後設認知為基礎的提示模式。

後設認知

　　所謂的後設認知，就是重新認識與調整自己的認知流程。

　　比方說，如果你覺得「自己不大懂得顧慮別人的感受」，代表你對自己的能力或狀態有一定的認識，而這就是後設認知

的一種。當你擁有這種後設認知，有可能就會要求自己「得更用心觀察別人」，改善自己的行為，由此可知，後設認知能幫助我們進行更縝密的推論，擬定更好的策略與行動計畫。

人類的後設認知具有許多面向，會針對自己的思考過程或是內心的變化進行內省、理解、監控與最佳化。若從解決課題的觀點來看，後設認知則是問自己對於眼前的工作有多少認知，接著選擇學習或解決問題的方針，再試著將方針套用在上述的流程。

就目前的技術而言，大型語言模型應該還沒辦法真的擁有後設認知，因為大型語言模型還不懂什麼叫做「內省」，也沒有所謂的生理需求，更沒有從內在進行這類心理活動的自我意識。要先有自我意識才有所謂的後設認知。

不過，就算大型語言模型沒有「真正的」後設認知，能夠模仿人類後設知識的模型還是能讓自己的推論過程更加精緻，進而提升效能。

後設認知的提示模式能透過後設認知的形式，或說是迴歸的方式針對推論過程進行自我評估，然後將評估結果化為實際的文字，藉此提升自己的推論能力。

後設認知的提示模式範例

Metacognitive（後設認知的）這種用語，指的並不是個別的方法論。下列介紹的後設認知式提示（Metacognitive Prompting）是由 Wang 與他的夥伴共同開發的方法，在此暫

時稱其為 **MP 模式** *。

顧名思義，MP 模式是透過後設認知式提示讓大型語言模型進行推論的方法。這個方法讓模型模仿人類自我內省的流程，藉此更了解工作的意義以及掌握語境。

比方說，在面對某項工作時，我們人類的後設認知會依照下列的流程發展：

i. 根據知識或經驗解讀問題
ii. 針對上述的解讀結果內省
iii. 根據內省結果修正判斷與行動

MP 模式則以下列五個步驟模仿上述的流程：

1. 列出自己對問題的理解：解讀輸入的工作。
2. 初期判斷：進行初期推論。
3. 進行批判：批判初期推論的結果
4. 最終判斷：批判之後，進行最終階段的推論。
5. 可信度評估：評估最終結果的可信度（1 屬於 i 的步驟，2 與 3 屬於 ii 的步驟，4 與 5 屬於 iii 的步驟）

---

* Metacognitive Prompting Improves Understanding in Large Language Models by Yuqing Wang and Yun Zhao(arXiv：2308,05342/2023)
  https://arxiv.org/abs/2308.05342

讓我們以「判斷兩個問題是否互為換句話說的工作」（從原著的論文引用）了解 MP 模式的運作過程。

雖然 MP 模式是由五個推論階段組成，但執行時，只需如下使用一個提示詞：

> **輸入的提示詞**
>
> 問題：下列兩個問題
> 1.What are the most beautiful beaches in the world？
> 2.What is the most beautiful beach？
>
> 請判斷這兩個問題是否為換句話說的問題。
>
> 接下來是後設認知式提示
> 在執行這項工作時，請依照下列的步驟。
> 1. 先說明對這兩個問題的理解。
> 2. 根據主題、語境、意義初步預測這兩個問題的類似程度
> 3. 批評初步預測的結果。如果初步預測的結果模稜兩可，重新評估這兩個問題是否為換句話說。
> 4. 確定這兩個問題是否為換句話說，同時列出根據。
> 5. 以0～100% 的可信度評估結果，再說明可信度的根據。

這兩個問題雖然都問到「全世界最美的海灘」，但問題 1 以複數形提問，問題 2 卻以單數形提問。

ChatGPT 3.5 的產出結果如下：

> **模型的回答**

1. 釐清理解的內容

    問題1："What are the most beautiful beaches in the world？"的問題屬於找出全世界有可能擁有最美稱號的各地海灘。

    問題2："What is the most beautiful beach？"的問題則是將重點放在全世界最美麗的海灘是哪裡的海灘。

2. 類似程度的初步預測

    主題：兩個問題的主題都是「全世界最美的海灘」

    語境：這兩個問題的語境都與觀光、自然之美有關。

    意義：第一個問題將重點放在各地的海灘，而第二個問題則針對某地的海灘。

3. 批判初步預測

    這兩個問題雖然相似，但答案有可能不同。最美的海灘的「列表」包含各地的海灘，使用者可根據不同的標準或喜好從中選擇，反觀最美麗的海灘只能有一個，是極為狹窄又主觀的答案。

4. 最終判斷

    這兩個問題不是換句話說的問題。第一個問題要的是最美海灘的列表，答案會有很多個，第二個問題要的是最美海灘在哪裡，答案只會有一個。

5. 可信度評估

    如果可信度是85%。可信度的評估與問題的用字遣詞

> 以及答案的性質有關。不過,每個人的美感都不同,所以無法否定的是,有部分的受訪者在回答這兩個問題時,會提供類似的答案。

這是透過單數形與複數形判斷這兩個問題的意義不同的結論,也算是最合乎邏輯的答案了。不過,最後的可信度評估(範例以 85% 進行評估)卻讓人覺得不大嚴謹,不過這部分不是後設認知式提示的核心內容,所以請容作者割愛。

雖然這個範例只是判斷這兩個問題是否為換句話說的工作,但只要稍微調整一下在五個推論階段使用的後設認知式提示,應該就能直接用來處理其他的工作,不然就是依照之前在退一步提示模式的介紹,讓模型自動產生更具體的後設認知式提示,找出需要依照工作調整的部分。

補充

原始論文的結論是這兩個與海灘有關的問題雖然「在數量上不同,但基本上是要求相同類型的資訊,所以屬於換句話說的問題」,而本書的結論卻恰恰相反,認為「這兩個問題的意義不同,彼此不屬於換句話說的問題」。從答案以及相關的根據可了解這兩個結論為什麼不同,但不代表這兩個結論一定有哪一個是錯的。結論很重要,但是我們人類能否接受結論背後的根據這點也很重要。

就這層意義而言，能夠一邊列出依據與思考過程，一邊找出答案的大型語言模型可說是我們在必須一邊說明，一邊做出決策之際的好幫手，今後應該會於更多不同的場景應用。

　　不過，人類如果早有成見，就有可能利用大型語言模型捏造合理化這些成見的依據。不難想像的是，未來有可能變成讓 AI 以莫名的方式負起責任，人類只負責確認相關證據的情況，而與 AI 好好相處或許就等於我們懂得誠實面對決策的根據。

第 5 章

進階發展的技術

5-1 自我一致性模式

5-2 ReAct 模式

5-3 RAG（搜尋增強生成）

5-4 LLM-as-Agent

前一節介紹提升大型語言模型推論能力的提示模式。這些模式可透過特定思考模式的觸發式提示預防模型產生天馬行空的幻覺，讓模型得以全面應用既有的知識與推論能力。

　第 5 章要帶大家了解活用大型語言模型的進階技術。這些進階技術使用了多個模型，或是與其他的軟體連動，將領域知識與記憶機制整合至模型，藉此擴張大型語言模型的性能。或許這種技術可稱為超越提示模式這類技術框架的「架構」。

　大型語言模型在利用大量的資料學習之後，累積了深不可測的知識，但是在大型語言模型的外部儲存特別記憶的動機主要有兩個，一個是為了超越事前學習或追加學習的極限，擴張模型的知識與推論能力，而這種技術稱為**搜尋增強生成** [*]（Retrieval Augmented Generation），一般稱為 **RAG**。另一種是為了實現 **LLM-as-Agent** 模式，就是打造能夠自行創造的 **AI 代理人**。所謂的「AI 代理人」就是我們的智慧夥伴。

　本章的內容雖然與本書的主旨「製作提示的技術」有些出入，卻是將要突發猛進發展的重要技術，所以還請大家一起了解全貌。

---

[*] Retrieval-Augmented Generation for Knowledge Intensive NLP Tasks by Patrick Lewis, Ethan Perez, Aleksandra Piktus, Fabio Petroni, Vladimir Karpukhin, Naman Goyal, Heinrich Küttler, Mike Lewis, Wen-tau Yih, Tim Rocktäschel, Sebastian Riedel, and Douwe Kiela(arXiv：2005.11401/2020)
https://doi.org/10.48550/arXiv.2005.11401

5-1

自我一致性模式

> 三個臭皮匠，勝過一個諸葛亮

自我一致性（Self-consistency）[1] 或 **CoT-SC**（CoT with Self-consistency）模式，都是專為改善 CoT 模式推論能力而設計的方法。

自我一致性或是同義的自治性，指的是自己的一言一行沒有矛盾的意思。一言以蔽之，自我一致性就是模型產生多個答案之後，以多數決的方式選擇最終答案的方法。這種簡單的想法已於 GPT-3 以及多種大型語言模型驗證效果。有報告指出，這種方式能於處理算術、這類具標竿性的多種推論工作之際，大幅改善推論性能。

自我一致性的底層邏輯是正確答案就算只有一個，推論

---

[1] Self-Consistency Improves Chain of Thought Reasoning in Language Models by Xuezhi Wang, Jason Wei, Dale Schuurmans, Quoc Le, Ed Chi, Sharan Narang, Aakanksha Chowdhery, and Denny Zhou(arXiv：2203.11171/2022)
https://doi.org/10.48550/arXiv.2203.11171

正確答案的過程可以有很多種。美國社會科學家裴吉（Scott E. Page）在其著作《多元的力量》[2]指出，人類擁有不同觀點與解讀方式，而這種多樣性有助於解決問題。雖然本書的對象不是人類，而是模型產出的各種答案，但是自我一致性模式可說是模仿人類多樣性的方法。

除了自我一致性模式之外，讓 GPT、PaLM、Llama 這些性質各異的模型分別產生答案，最終再從這些答案選出最適當的答案，可說是與自我一致性模式相近的方法，而這種方法也被命名為 **LLM-Blender**[3]，簡單來說，這種手法就是「模型的採樣」或是「使用不同模型的答案」的手法。這與自我一致性模式只使用一個模型，以及一邊調整超參數，一邊產生多個答案的方法可說是形成對比。

到底是單一最佳模型產生多個答案的方法（自我一致性模式）能夠提供更多元的觀點，還是讓多個模型產生答案的方法（類似 LLM-Blender 的手法）更能提供多元的觀點呢？目前雖然還不知道答案，但兩者肯定是為了提升產出結果品質而能夠廣泛應用的方法。

2　裴吉《多元的力量》（暫譯，原書名 *The Difference: How the Power of Diversity Creates Better Groups, Firms, Schools, and Societies*。日文譯本『「多様な意見」はなぜ正しいのか』，水谷淳譯，日經BP社，2009年）
　　https://bookplus.nikkei.com/arcl/catalog/09/p46000/

3　LLM-Blender：Ensembling Large Language Models with Pairwise Ranging and Generative Fusion by Dongfu Jiang, Xiang Ren, and Bill Yuchen Lin(arXiv：2306.02561/2023)
　　https://doi.org/10.48550/arXiv.2306.02561

提示詞範例

自我一致性模式主要由下列三個階段組成：

1. 利用 CoT 模式產生問題的提示詞。
2. 一邊調整模型的超參數，一邊根據問題提示詞產生多個答案。
3. 以多數決的方式選出最終答案。

進入步驟 2 之後，會產生各種解決問題的方法與思考過程。

讓我們一起了解實際的範例（例題從原著論文引用）：

> **輸入的提示詞**
>
> 問題：停車場原有3台車，後來有2台停進來，停車場共有幾台車？
> 答案：停車場原本有3台車，之後有2台停進來，所以現在是3+2=5台車。答案是5台。
> ……
> 這裡要以「問題＋推論過程與回答」的CoT模式給予多個範例。也就是CoT+少數樣本模式。最後再輸入答案欄位為空白的最終問題。
> ……

問題：珍妮的鴨子每天生16顆蛋。她每天早餐吃掉3顆，每天為了替朋友烤杯子蛋糕用掉4顆。剩下的鴨蛋以每顆2美元的價格賣出，請問她每天賺多少錢？
回答：空白

一般來說，這個提示詞可產生一個推論結果。比方說，可得到下列的答案：

模型的回答

回答：意思是她每天用了3+4=7顆鴨蛋。由於剩下的鴨蛋1顆賣2美元，所以她每天可以賺7X2美元＝14美元。答案是14美元。

這次故意列出錯誤的產出結果。可賣出的鴨蛋不是7顆，而是16-7=9顆，以9X2美元=18美元才是正確答案。一如前述，大型語言模型會犯這類邏輯問題或是計算錯誤。

不過，若使用自我一致性模式，就能得到下列的多個答案（範例為3個）與最終結果：

模型的回答1

她每天剩下16－3－4=9顆鴨蛋，所以她每天可賺2美元×9＝18美元。答案是18美元。

> **模型的回答2**
>
> 回答：意思是，她每天可賺2美元X（16-4-3）=26美元。
> 答案是26美元。

> **模型的回答3**
>
> 回答：由於她早餐吃掉3顆鴨蛋，所以剩下16-3=13顆。接著她為了烤杯子蛋糕而剩下13-4=9顆鴨蛋。因此，她擁有9顆鴨蛋X2美元=18美元。答案是18美元。

這些回答不是透過網路服務 ChatGPT 取得，而是利用可調整超參數的 API 取得。

從所有的答案排除相當於推論過程的部分，留下答案的部分（答案是〇〇美元的部分）。接著再以多數決的方式篩選，可以得到「答案是 18 美元」這個結果。

最終的這個回答是正確答案。從上述的範例可以發現，採用了錯誤推論過程的例子（回答 2）犯了初階的計算錯誤，但最後透過多數決的方式否決了這個計算錯誤，推論過程正確的回答 1 與回答 3 也被接納。

補充

這種從多個不同推論過程得到答案，再透過篩選的方式得到最終答案的方法能有效抑制幻覺。

不過，這種方法也有弱點。在答案只有一個時，這種多

數決的手法算是十分有效，但是在面對「請告訴我今天的天氣如何？」這種申論題時，就不知道會產生什麼答案。難以比較多個答案時，就不大適合使用自我一致性模式。

此外，這種模式的基礎原理雖然簡單，使用上卻有一定難度。就一般的使用方法而言，得透過模型提供的 API 調整超參數，產生多個答案，之後再透過多數決的方式產生最終答案，而這一連串的動作都必須寫程式才能完成。本質上，大型語言模型的答案都是根據機率產生的，所以就算不調整超參數，也能產生多種答案。只不過，性能愈是優異的模型，就愈容易產生同質的答案若要得到更多元的推論路徑或是答案，就得在 API 的超參數或是採樣多花心思。一如前一章介紹的 CoVe 模型，要更靈活，更進階地使用大型語言模型，就必須學會透過程式碼使用 API 的方法。

自我一致性模式的最後一個步驟是以多數決找出答案。但其實還有更進階的方法，例如讓大型語言模型進一步評估產生的多個答案。我們人類在面對多個意見時，通常不會以多數決的方式篩選意見，而是會透過討論得出結論。讓 AI 代理人互相討論，應該有機會得而更好的結論。以這類民主流程為基礎的提示詞或是 AI 代理人的設計都是很有價值的挑戰。

5-2

ReAct 模式

擁有行動能力的大型語言模型

CoT 模式是模仿人類解決問題的方式，將回答問題的流程拆成多個階段的方法，但問題是只要在某個階段犯錯，後續的所有階段都會被影響。

請大家試著想像傳話遊戲，也就是由每個人依序傳遞一個訊息的遊戲。遊戲開始時，第一個人悄悄地告訴下一個人訊息，接著再悄悄地傳給下一個人。如果第一個人傳遞的訊息有些失真，下一個人就有可能會對其中某個單字產生誤會，而這個誤會也會一直傳到最後一個人，導致最終的訊息與最初的訊息完全不同。

CoT 模式也是一樣，只要某個階段的思考出錯，就會影響後續的結論，導致最終的結論完全走樣。

於是有人提出了 **ReAct** 模式。ReAct 就是「Reason（推論）＋ Act（行動）」的意思，是將類似 CoT 模式的推論過程

加上於網路搜尋的行動所組成的模式,之所以搜尋資訊,是為了得到正確的推論。

聽到「行動」讀者或許會困惑。直到第 4 章為止,我們都是在 ChatGPT 這種單一的網路服務輸入精心設計的提示詞,藉此讓大型語言模型進行推論。接下來我們會為了讓大型語言模型發揮潛力,將使用範圍擴張至聊天服務的外部。

透過API擴張的行動範圍

於電腦執行的軟體會透過 **API**(Application Programming Interface)這種介面與其他的軟體或硬體連接,藉此控制這些軟硬體,也能從這些軟硬體取得資訊。比方說,試算表軟體若提供了 API,就能從其他軟體建立試算表以及繪製圖表。此外,機器手臂控制系統若是提供了 API,就能從其他軟體控制機器手臂。如果搜尋引擎或是網頁瀏覽器提供了 API,我們就不需要開啟網頁瀏覽器或是搜尋引擎的頁面,可直接從軟體透過 API 搜尋資訊。

ReAct 模式最大的重點在於透過 API 存取外部資訊,擴張大型語言模型的推論能力。所以,ReAct 模式通常不會透過 ChatGPT 這種網路服務建置,而是利用大型語言模型的 API (比方說,OpenAI 提供的 OpenAI API[*])建置。

這種一邊推論,一邊透過 API 與外界世界互動,具有知

---

[*] https://platform.openai.com/docs/api-reference

性與獨立行動的個體稱為 AI 代理人。ReAct 模式與後面章節介紹的 RAG 或 LLM-as-Agent 有著緊密的關係，也是重要的技術里程碑。

ReAct 模式的執行範例

接下來，讓我們透過具體的例子了解 ReAct 模式的運作方式：

> **輸入的提示詞**
>
> 問題：除了 Apple Remote 之外，能夠控制 Apple Remote 程式的裝置為何？

Apple Remote 是控制 Apple TV 的遙控器。如果只是如此發問，會傳回 iPod 這個錯誤的答案。

另一方面，零樣本 CoT 模式會依下列的方式思考：

> **模型的回答**
>
> Apple Remote 原本是為了與 Apple TV 連動而設計的裝置。Apple TV 可透過 iPhone、iPad、iPod touch 控制，因此答案為 iPhone、iPad、iPod touch。

不過，其實 Apple Remote 不是為了 Apple V 設計，而是為了 Front Row 這個程式設計，這意味著這個答案出現了幻覺。

ReAct 模式與 CoT 模式一樣，都是透過少數樣本學習將這個模式傳給要型。若説 CoT 模式模仿了人類的思維，ReAct 模式則是在模仿人類思維之餘，還採取與外界互動的行動，接著利用互動的結果推論。這與人類會透過語言思考的同，也會採取解決課題的行動以及蒐集資訊是一樣的。

ReAct 模式以「行動」、「觀察」（從行動得到的結果）和「思考」（考察與推論）這三種資訊得名。這種模式的重點在於，「觀察」的部分並非源自模式，而是從環境取得的資訊，所以要建置 ReAct 模式就必須具備外部模組，才能接受文字資訊，與外界互動，再以文字格式產出互動結果。

網路搜尋就是這種模組的優良範例之一。以剛剛的 Apple Remote 為例，以「Apple Remote 最初是設計成與何種裝置互動呢？」為問題（Query），在網路搜尋答案，再接收搜尋結果。ReAct 模式會根據這個搜尋結果思考問題。

以下是 ReAct 模式的思考過程範例：

> **模型的回答**
>
> 思考1：有必要針對 Apple Remote 搜尋最初是為了與何種程式互動而設計。
> 行動1：搜尋 [Apple Remote]
> 呼叫搜尋模組。
> 觀察1：Apple Remote 是 Apple 於2005年10月發表的遙控器，主要是為了操作 Front Row 媒體中心程式所設計。

思考2：Apple Remote 一開始似乎是為了操作 Front Row 媒體中心程式所設計。接著搜尋 Front Row，看看有沒有其他裝置能夠操作這個程式。

行動2：搜尋 [Front Row]

呼叫搜尋模組。

觀察2：沒找到 [Front Row]。類似的關鍵字：'Front Row Seat to Earth'，'Front Row Motorsports'，'Front Row（software）'。

思考3：沒找到 Front Row，所以搜尋 Front Row（software）。

行動3：搜尋 [Front Row (software)]

呼叫搜尋模組。

觀察3：Front Row 是已經停用的媒體中心軟體。

思考4：Front Row（software）似乎可透過 Apple Remote 或是鍵盤的功能鍵操作。換句話說，答案是鍵盤的功能鍵。

行動4：以 [keyboard function keys] 結束執行

　　一開始，ReAct 模式認為得先搜尋 Apple Remote 以及由這個裝置操作的軟體，也因此搜尋了 Apple Remote。結果發現，Apple Remote 是 Apple 於 2005 年發表，主要用來控制 Front Row 媒體中心程式。接著搜尋了 Front Row，但沒找到相關的資訊，因此縮小搜尋範圍，改以 Front Row（軟體名

搜尋，結果發現 Front Row 是已經停用的媒體中心軟體。最終得到這個 Front Row 是 Apple Remote 或是以鍵盤功能鍵操作的軟體。

由此可知，ReAct 模式會透過各種行動蒐集資訊，例如在網路搜尋或是存取特定的資料庫，藉此找到正確的資訊，或是呼叫程式進行計算，減少幻覺以及得到更正確的答案。

ReAct 也有可能推論錯誤

承上所述，ReAct 模式比 CoT 模式更能減少幻覺，但有可能更容易推論錯誤。這是因為 CoT 模式的推論是從頭到尾，一口氣執行到底的方式，ReAct 模式卻是一邊確認資訊，一邊進行下一步的推論。若說 CoT 模式將重點放在一連串的思考過程而不是確認事實，ReAct 就是將重點放在採取行動，取得結果，進行考察與思考下一步。

如此一來，CoT 模式適合起點到終點的路徑十分清楚的問題，而 ReAct 則適合圍棋、將棋這類需要搜尋下一步的問題。下圍棋時，必須等待對手(環境)下完，才能思考下一步，因為自己的下一步會隨著對手的棋步而改變，沒辦法像 CoT 模式那樣，清楚勾勒出起點到終點的路徑，此外，ReAct 模式的搜尋空間也會隨著推論與結果而改變，換句話說，朝哪個方向搜尋會決定 ReAct 模式是否能找得到答案，而這也是 ReAct 難以使用之處。如果不小心往錯誤的方向搜尋，就很難自行修正、回到正確的軌道。

因此有人提出了解決方案，也就是同時使用 ReAct 模式與 CoT-SC 模式（自我一致性模式）的方法。ReAct 模式會一邊確認資訊的正確性，一邊進行處理，所以每個階段的精確度都會提升，卻不一定保證整個流程的一致性，所以一旦無法繼續進入下一步，或是不確定性增加，就從 ReAct 模式切換成 CoT-SC 模式。如此一來就能從一致性的觀點重新評估之前的每個階段與提升正確率。如果出現不符合一致性的部分，就回到該階段重新執行一遍。

　　將棋或圍棋也可以透過復盤的方式，找出決定勝負的關鍵，而 ReAct 模式與 CoT-SC 模式組合之後，可進行這種後設認知的考察，再視情況回到出錯的階段，重新執行一遍。

　　由此可知，ReAct 模式會因為本身的特性而無法避免推測錯誤，卻能有效抑制標準提示詞或是 CoT 模式的幻覺。

5-3

RAG（搜尋增強生成）

事前學習的極限

經過事前學習的語言模型會累積大量的知識與推論規則。一如零樣本學習的章節所述，就算不另外進行任何改良，大型語言模型也能只憑一個提示詞產生相當接近人類的答案。不過，從下列的例子也可以發現，用於事前學習的訓練資料若不具備需要的知識，大型語言模型是無法進行處理的：

- 極度專業的知識：比方說，罕見遺傳疾病的治療方法、先進的材料科學、尚未解決的數學問題、特殊的法律解釋。
- 隱匿性極高的知識：特定企業的顧客資料、行銷策略、政府的機密資訊、尚未公開的科學研究資料或是正在申請專利的發明、患者的病歷。
- 即時產生的知識：股價、匯率這類金融市場的資料、

世界情勢、交通堵塞情況、事故造成的限制以及其他的交通資料、社群媒體的趨勢或是天氣預報。

雖然可透過追加學習的方式吸收這類新知識，但只要資訊有所更新，就得讓模型重新學習，而要讓模型重新學習就得重新整理學習資料，也需要耗費大量的計算資源。此外，一如 ReAct 的章節所述，我們雖然可讓模型搭配搜尋引擎使用於網路即時公開的知識，但還是找不到專業知識或是具隱匿性的資訊。

因此，為了讓模型更容易存取需要的知識，有人認為可以在模型外部建立領域知識的資料庫，而這種方式就稱為 RAG。

何謂 RAG

RAG 是資訊搜尋（Retrieval）與產生文字（Generation）組成的方法。這不是個別的手法或是指稱框架的用語，而是擴張大型語言模型的典範。廣義來說，可將 RAG 視為在模型外部建立儲存機制，再有效利用該機制的方法。例如：

- 與 Wikipedia 連線的 ChatGPT
- Microsoft 的 Bing 搜尋引擎整合的大型語言模型
- 電子病歷為知識來源的醫療資訊相關 Q&A 系統

就是外部的儲存機制，而這類資訊來源還有很多種，例如學術論文、新聞報導、專業書籍、氣象資訊、交通資訊、政府統計資料、判例與法律解釋、社群媒體資料、企業業績、金融市場資料，這些由人類累積，目前仍不斷更新的大量資料都是資訊來源之一。如果有一套系統能在接到問題（Query）之後，以文字的方式傳回屬於領域知識的答案，那麼一般的文字檔案、資料庫或是搜尋引擎也都能當成知識來源使用。

大致來說，這種方法的優點如下：

1. 不需要大規模重新學習，也不需要追加學習就能更新知識
2. 比起模型本身累積的資料，能存取更廣泛、更大量的知識
3. 可根據問題的領域知識提供更精準的答案

這些都是直擊核心的優勢。尤其從 2 與 3 來看，廣泛的知識以及領域知識一定能讓大型語言模型大幅提升答案的品質，這也能有效減少幻覺產生，而此時有待解決的課題就是確保外部知識來源的可信度、廣泛度與更新頻率。

這種特性特別適用於企業 AI（於企業內部使用的 AI）。企業會累積與管理大量的顧客資料與財務資料，讓這些資料與 RAG 整合，就能提供更具體、更正確的資訊或答案。比方說，可在顧客服務之一的聊天機器人、重要的商業決策、公司內部的資料分享派上用場。

就結果而言，大型語言模型可以讓不同的基礎系統更快交換資料，提升整個組織的資料管理與維護的效率，也就是說，大型語言模型是建立業務系統生態系的媒介。

建置經典的RAG

RAG 的「搜尋資料階段」會根據問題或輸入的資料從預先準備的大量文書或資料找出最相關的資訊，此時要針對以自然語言寫成的問題或是搜尋關鍵字從龐雜的資訊高速找出密切相關的資料並非易事。

於此時使用的技術稱為**嵌入**[1]（Embedding）或是**分散表現**（Distributed Representation），是一種將文字轉換成語意向量的技術，這也是奠定大型語言模型基礎的技術。「嵌入」技術可讓文字轉換成幾百到幾千，甚至是幾萬維度的向量（數值的羅列），而與文字意義相關的文字會轉換成更近的語音向量。這種轉換成向量的「嵌入」文字資訊會將原始文章與對應的語音向量配成一組，再存入專用的語音向量資料庫。

對電腦來說，計算向量距離是輕而易舉的事。計算向量類似度的方法有很多種，最典型的就是計算內積，因為可以從內積的值算出兩個向量的角度（方向的類似度）。RAG 可高速

---

[1] 在深度學習問世之前，「嵌入」通常是指「低維度嵌入」，也就是讓高維度的資料「降維」，再嵌入二維或三維這類可視覺表現的空間的方法（力學的物理模型也有「嵌入」這種手法）。現在提到「嵌入」，大部分都是指將高維的影像、語音、文字資料，嵌入幾千到幾萬維度的向量空間。

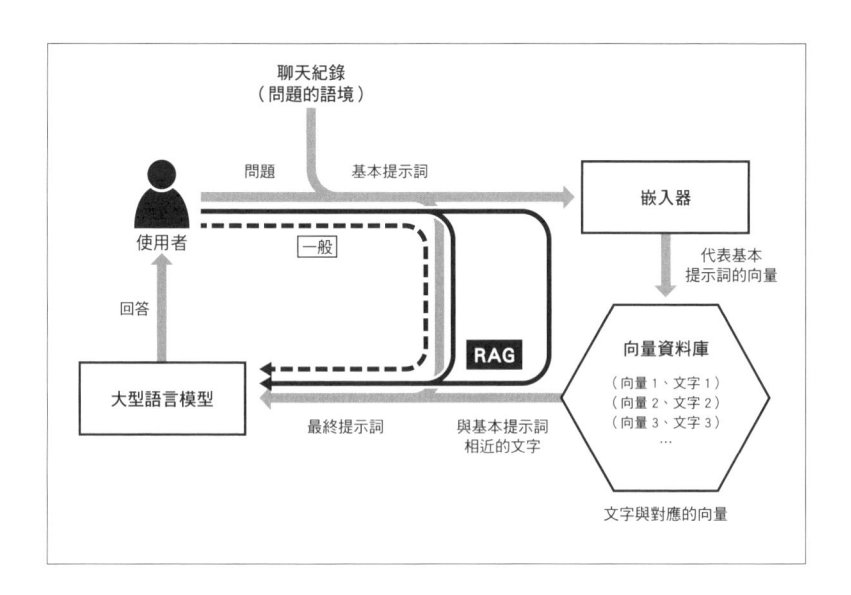

計算嵌入問題的向量與資料庫的大量向量的內積，快速找出與問題有關的文字。

外部資料構造不一定非得是向量資料庫。比方說，將活動或概念整理成圖表結構的知識圖譜（Knowledge Graph）也是實用的外部資料構造。簡單來說，就是將向量化的文字當成圖表的節點，然後與問題相關的節點（文字）以及鄰接的節點（事前賦予相關性的文字）結合再傳回的機制，這種機制可以立刻找出需要的資料。

在「產生文字階段」，將找到的相關知識丟給與原始問題有關的提示詞，藉此根據領域知識產生答案的機制。

讓我們以圖解說明。

從上圖可以得知，使用者提出的問題會與之前的聊天紀錄或特定語境的文字組合成基本提示詞，再傳送給系統。一般

來說，這個基本提示詞會直接傳送給大型語言模型。

　　RAG 是利用嵌入器（一般來說，這是大型語言模型的一部分）將基本提示詞轉換成向量，再存入向量資料庫。向量資料庫會找出類似的向量，再針對上層的向量傳回對應的原始文字。傳回的文字（與問題的相關性極高）可當成追加資訊與基本提示詞連結，再傳給大型語言模型。如此一來，就等於利用 RAG 得到回答。

　　目前 LangChain[2] 或 LlamaIndex[3] 這類能夠提供上述 RAG 功能的框架已陸續發表。雖然建置系統或是升級技術需要一定程度的程式設計知識，但是隨著 RAG 技術逐漸標準化，今後應該會出現更精緻的使用者介面或是不需要程式設計知識也能使用的框架。

2　LangChain　https://www.langchain.com/
3　LlamaIndex　https://www.llamaindex.ai/

5-4

LLM-as-Agent

要將大型語言模型建置成自動自發,充滿創意的 AI 代理人,需要建立備有代理人固有知識、經驗、行動背景的儲存機制,以及透過內省產生合理行動的後設認知機制。

就儲存記憶的部分而言,於大型語言模型輸入的提示詞只會愈來愈長,可是再怎麼看也知道,每次都透過提示詞賦予每個代理人的生涯記憶、相關的歷史活動或是其他持續增加的,實在太沒效率,所以我們需要能夠根據對象或工作分別儲存長期記憶,再有效應用這些長期記憶的機制

在此為大家介紹下列這三種獨具特色的框架:

- Reflexion
- 奠基於「心智理論」的 AI 代理人
- 多代理人 AI 模型

Reflexion

首先要介紹的是 Reflexion [1] 這個實現 AI 代理人的框架（Reflexion 這個名稱和「內省」的 Reflection 很類似）。

第 4 章 4-4 節介紹的後設認知模式的目的是透過提示詞讓模型「內省思考過程」，加深對工作的理解，第 5 章 5-2 節介紹的 ReAct 模式則是透過提示詞讓模型「內省行動的結果」。Reflexion 這種框架則是進一步將行動結果與內省結果當成經驗存起來，提升模型解決問題的能力。

Reflexion 的特徵在於會評估從外部環境，也就是搜尋引擎、遊戲或是某種程式碼傳回的成功、失敗資訊，再將評估結果存入與「情節記憶」類似的記憶體緩衝區，有需要時再拿出來使用。這裡說的「外部環境」可以是「桌上有顆蘋果」這類外部環境的詳盡描述，也可以是視覺感測器傳回的物體辨識資訊。

所謂的情節記憶就是「於何時、何地，得到了哪些體驗，以及當下的感受」這類與經驗有關的長期記憶。這種長期記憶會讓每個人的行動帶有自己的特徵，也會與「蘋果就是這種東西」的「意義記憶」會組成一對。

Reflexion 具有與情節記憶類似的長期記憶機制，以及能

---

[1] Reflexion: Language Agents with Verbal Reinforcement Learning by Noah Shinn, Federico Cassano, Edward Berman, Ashwin Gopinath, Karthik Narasimhan, and Shunyu Yao(arXiv.2303.11366/2023)
https://doi.org/10.48550/arXiv.2303.11366

夠描述最近的行動與行動結果的短期記憶（作業記憶）的機制，還能利用大型語言模型實踐不斷嘗試、犯錯與學習的**強化學習**（Reinforcement Learning）。強化學習是機械學習的領域之一，代理器會在不斷地嘗試與犯錯的過程中根據行動結果的「報酬」學習最佳的行動。至於 Reflexion 的部分，透過自然語言內省的回饋會像是強化學習的報酬一樣，將下一步該改善的方向提供給 AI 代理人，透過邊嘗試邊犯錯的方式達成工作。

Reflexion 會透過下列的「產生行動」、「評估」和「內省」這三個步驟，使用大型語言模型：

1. 產生行動：根據工作以及後面介紹的記憶機制產生對提示詞的回應或是呼叫 API 這類行動。在產生行動時，會使用 CoT 模式或是 ReAct 模式。
2. 評估：根據執行的動作從外部環境取得文字格式的回饋。記錄最近的狀況、行動以及行動結果的文字會儲存為被稱為軌跡（Trajectory）的短期記憶，同時還會以成功、失敗或是得分進行評估，作為下個步驟「內省」的材料。
3. 內省：針對步驟 2 產生的數值與符號方面的評價，內省哪些部分做的，哪些部分有問題，以及該怎麼做比較好，再將內省結果整理成語言，最終將這個結果整理成文字格式，儲存為被稱為經驗（Experience）的長期記憶。

文字格式的長期記憶與短期記憶合併之後，會被當成產生行動的輸入資料使用，但模型能儲存的最大語境有上限，所以會從舊的輸入資料先捨棄。

讓我們以「找出指定物體，以指定的方式使用」這個工作為例，一起了解 Reflexion 的流程（從原著論文引用）。

環境不是現實的物理空間，而是能以文字操控的 ALFWorld[2] 虛擬空間模擬器。能從環境取得文字資訊如下。

> **環境（模擬器是輸入的提示詞）**
>
> 你現在在房間的正中央。環顧四周，有床、桌子1～2、抽屜1～6、垃圾筒、洗衣籃、保險箱、書架1～6。

接著，給予下列的工作：

> **工作（人類輸入的提示詞）**
>
> 請利用檯燈調查馬克杯。

比方說，行動產生器是 ReAct 模式，有可能會先產生下列的行動：

> **產生行動（模型的回答）**
>
> 思考：要解決工作就得先找到馬克杯。接下來要先找到

2　ALFWorld　https://alfworld.github.io

檯燈。

思考：要先找到馬克杯。馬克杯有可能在抽屜1～6、桌子1～2、書架1～6、垃圾筒、洗衣籃找到。

行動：移動至抽屜1。

對此，ALFWorld 環境傳回了回饋：

環境（模擬器是輸入的提示詞）
抽屜1關著的。
產生行動（模型的回答）
行動：打開抽屜1。
環境（模擬器是輸入的提示詞）
打開抽屜1了。抽屜1開著的。裡面有鑰匙圈。
產生行動（模型的回答）
行動：移動至抽屜2
……
產生行動（模型的回答）
行動：移動至桌子1。
環境（模擬器是輸入的提示詞）
桌子1上面有信用卡、檯燈、筆電、馬克杯、原子筆、鉛筆。
產生行動（模型的回答）
思考：找到馬克杯了。接著要取得馬克杯。
行動：從桌子1取得馬克杯。

> **環境（模擬器輸入的提示詞）**
> 你從桌子1取得馬克杯了。
>
> **產生行動（模型的回答）**
> 思考：取得馬克杯了。接下來得找到檯燈。檯燈很可能在桌子1～2、邊桌1～2、書架1～6、床、抽屜1～6找到。先從桌子1尋找。
> 行動：移動至桌子1。

雖然這次省略了過程，不過就算 AI 代理人在第一次嘗試時，已經在桌上找到馬克杯與檯燈，卻只注意到馬克杯，沒能使用旁邊的檯燈。模擬器通常會在無效的行動超過預定次數時，將這次的工作視為失敗：

> **產生行動（模型的回答）**
> 行動：使用檯燈。
>
> **環境（模擬器輸入的提示詞）**
> 沒發生任何事情。
>
> **產生行動（模型的回答）**
> 行動：使用檯燈。
>
> **環境（模擬器是輸入的提示詞）**
> 沒發生任何事情。
>
> **狀態（模型的回答）**
> 失敗

這次的嘗試被評估失敗。接下來就該 Reflexion 大展身手了。這個框架會內省上述一連串的行動與行動結果,再產出為語言:

> **內省(模型的回答)**
> 在這個環境之下,我最初的計畫是先找到馬克杯,再找到檯燈,然後再使用。不過,這次的工作是利用檯燈調查馬克杯,所以應該先找到檯燈再找到馬克杯。檯燈就位於桌子1。下一步的嘗試決定前往桌子1,找到檯燈,再找出馬克杯,最後以利用檯燈調查。

於是,開始下一步的嘗試:

> **產生行動(模型的回答)**
> 行動:移動至桌子1。
>
> **環境(模擬器輸入的提示詞)**
> 桌子1上面有信用卡、檯燈、筆電、馬克杯、原子筆、鉛筆。
>
> **產生行動(模型的回答)**
> 思考:要解決工作就得找到馬克杯,再找到檯燈。
> 行動:從桌子1取得馬克杯。
>
> **環境(模擬器是輸入的提示詞)**
> 你從桌子1取得馬克杯了。
>
> **產生行動(模型的回答)**

> 思考：要解決工作就得找到馬克杯，再找到檯燈[3]。
> 行動：使用檯燈。
> **環境（模擬器輸入的提示詞）**
> 你打開了檯燈。
> **狀態（模型的回答）**
> 成功

完成需要這麼多步驟，才能解決的工作了。

內省從讓環境的回饋升華為更有意義的體驗，也讓模型改善行動的部分非常重要。

Reflexion 可將存儲的文字直接當成語境，再與提示詞結合，所以提示詞的長度無法超過模型原有的限制。關於這部分可試著使用 RAG 的向量資料庫，擴充 Reflexion 記憶元件。

奠基於「心智理論」的AI代理人

接著要介紹的是透過**心智理論**（Theory of Mind，ToM）提升推論人類行動的 AI 代理人。

這項研究[4]的目的是模仿人類推測與理解他人心理狀態的能力，改善人類與 AI 的互動關係，換句話說，是為了建構「友

3　新產生的「思考」雖然沒能調動尋找馬克杯與檯燈的順序，最終卻成功解決了工作。想必是將「內省」的內容當成語境參考所致。

4　Violation of Expectation via Metacognitive Prompting Reduces Theory of Mind Prediction Error in Large Language Models by Courtland Leer, Vincent Trost, and Vineeth Voruganti(arXiv.2310.06983/2023)
　https://doi.org/10.48550/arXiv.2310.06983

善的人機友善互動介面」所做的嘗試。將重點放在應用程式改善人類與 AI 互動這點，或許正是這種手法與之前專為解決問題而設計的手法的不同之處。

如果只憑某個人製造的數位內容（比方說，社群媒體的文章、線上的各麵活動），是很難了解那個人的行動與發言的背後，藏著哪些背景狀況與動機。換句話說，只有這些內容是無法了解人類採取行動的理由，在採取行動的同時，又帶著何種情緒。面對這個問題，這個手法採用了**違反預期理論**（Violation of Expectation，VoE）這種心理學理論，透過更自然的方式取得使用者的情緒、需求、思考以及其他的心理資料，藉此預測人類的行動，這也是這項手法的一大特徵。

VoE 本身就是預測與實際事件之間產生落差時的心理變化。當人類遇到結果與預期不同的情況，就會將注意力放在結果與預期的落差，試著理解與學習[5]。AI 代理人可透過這項機制進一步了解人類的行動與心理狀態。雖然無法從一級資料掌握人類的想法與情緒，卻能夠透過這種出乎意料的行動或反應掌握人類的想法與情緒，獲得更豐富的語境資訊。

使用 VoE 的提示詞框架包含讓 AI 代理人與人類進行互動的前台，以及 AI 代理人分析對話紀錄，決定下個產出內容的後台，讓我們一起了解應用大型語言模型能力的後台。

後台的處理分成兩個步驟，一個是「預測使用者與修正預測」，另一個是「違反預期與修正」：

---

[5] 一說認為，這種機制正是人類意識的起源。換句話說，意識「只在一連串的行動或狀態被迫中斷時產生，是一種對障礙的察覺」。

1. 預測使用者與修正預測：接收使用者輸入的內容之後，AI 代理人會將之前的對話轉換成向量，再根據記錄的「VoE 資料庫」預測使用者接下來的發言。至於 VoE 資料庫儲存了哪些文字，將於下個步驟說明。
2. 違反預期與修正：使用者再次發言後，計算於步驟 1 預測的發言與實際發言的差距，找出產生差異的理由。得到的結果會以統整下列資訊的「事實」為單位，以文字格式存入 VoE 資料庫。
   ▶ AI 代理人給使用者的最新回應
   ▶ 一開始對使用者發言的預測
   ▶ 使用者的實際發言
   ▶ 預測與實際的發言有多少差距？

在 AI 代理人與使用者對話時，依序執行這兩個步驟，VoE 資料庫的內容就會愈來愈充實，也就愈來愈能精準地預測使用者的發言。換句話說，AI 代理人會在與人類對話的過程中學習人類的心理，慢慢地學會與人類對談的技巧。

提出本手法的研究論文使用了讓 AI 與使用者邊對話邊學習的教育輔助工具 Bloom [6]，進行了 A/B 測試 [7]，針對使用 VoE 與未使用 VoE 的情況評估 AI 預測使用者發言的精準度，

6　Bloom　https://chat.bloombot.ai/
7　A/B 測試主要是針對網路或產品的使用者介面進行的測試。測試方法就是比較兩個版本（A/B），判斷何者效能更好的實驗手法。一般來說，使用者不會知道 A/B 版本的差異，所以能夠在自然的條件下得知使用者的選擇與反應，進而了解這兩個版本的差異。

也提出使用 VoE 能縮小預測錯誤的結果。換句話說，使用 VoE 之後，模型更能了解使用者的行動或心理狀態。

此外，在大型語言模型的外部建立 VoE 資料庫，儲存專屬資料這點，與前面介紹的 Reflexion 有著異曲同工之妙。

多代理人 AI 模型

之前介紹的 AI 代理人，都是為了執行特定工作而設計的聊天機器人。

一如介紹後設認知的章節所述，就原理而言，是可以將模型的產出結果再次輸入模型的，所以某個 AI 代理人的產出結果當然也能當成其他 AI 代理人的輸入內容使用，換句話說，這就是讓 AI 代理人「對談」。如果讓 AI 代理人不斷對話，將 AI 代理人產出的語言內容轉換成呼叫 API 或是控制致動器的處理，那麼 AI 代理人就不會只在特定軟體或是電腦內部這種封閉環境對話，而是能夠進行更廣泛的溝通。

讓多個 AI 代理人自行產出與輸入內容，同時透過這些交流建立的系統稱為**多代理人系統**（Multi-Agent System，MAS），所以這個系統的模型也稱為**多代理人模型**（Multi-Agent Model）。

利用多代理人模型打造電腦模擬技術的構想可回溯到 1980 年代。這是讓擁不同行動規則與限制的代理人互動，藉此重現與分析整個團隊行為的方法，而這種分析方法常於分析經濟、生態圈、交通的領域、繪製動物群體行為的 CG 動畫或

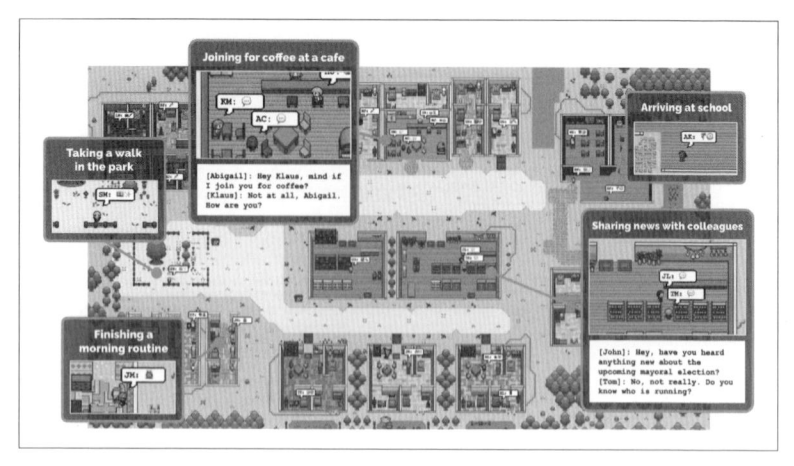

出處：Generative Agents：Interactive Simulacra of Human Behavior by Joon Sung Park, Joseph C. O'Brien, Carrie J. Cai, Meredith Ringel Morris, Percy Liang, and Michael S. Bernstein(arXiv.2304.03442/2023)
https://doi.org/10.48550/arXiv.2304.03442

是其他的領域應用。

　　一般來說，多代理人模擬技術之中的代理人都是「虛擬的個體」，也是根據人類的領域知識所設計的程式，而這種程式只會依照單純的規則執行。不過，將這個程式置換成大型語言模型之後，代理人就更能精準地模仿人類的行為。這種改變遊戲規則的技術很有可能在設計制度、市場設計、都市規畫、行銷這類需要分析集團相互作用，再做出決策的領域帶來天翻地覆的創新。

　　基於這種觀點設計的虛擬模型就是「生成式代理人」[8]

8　Generative Agents：Interactive Simulacra of Human Behavior by Joon Sung Park, Joseph C. O'Brien, Carrie J. Cai, Meredith Ringel Morris, Percy Liang, and Michael S. Bernstein(arXiv.2304.03442/2023)
https://doi.org/10.48550/arXiv.2304.03442

（Generative Agents）這篇論文介紹的多代理人 AI 模型。

生成式代理人會在類似「模擬市民」[9]的虛擬世界生活，也會與其他的代理人交流，真實還原人類的行動。具體來說，會依照下列的步驟進行模擬（從原始論文引用）：

1. 透過初始提示詞替每個代理人設定姓名、年齡、個性、職業與人際關係，再建立下列的行動計畫（Planning）。比方說，可以設定下列的內容：

> 姓名：林艾迪（年齡：19）
> 個性：友好、外向、好客
> 林艾迪是在櫟丘大學學習音樂理論與作曲的學生。
> 他喜歡探索各種音樂類型，總是不斷地想辦法擴充知識。
> 林艾迪於大學課堂負責作業專案。也為了學習音樂理論而接受相關課程。
> 林艾迪雖然很期待譜寫新曲，卻希望能將更多時間投注在作曲這件事。
>
> 2月12日（二），艾迪
> 1) 早上7點起床，完成早上的例行公事。

---

9 「模擬市民」是遊戲製作人威爾‧萊特（William "Will" Ralph Wright）於2000年發表的人生模擬遊戲。玩家可新增虛擬人物「市民」，在遊戲的世界管理市民的生活以及追求幸福。

> ……
>
> 6) 晚上10點準備就寢。
>
> 今天是2月13日（三），艾迪的全天安排大致如下。
> 1) 預留空白

　　像這樣輸入所有初始設定再開始模擬之後，人類就不需要介入。模型會根據場景、狀況，將需要的資訊代入預設建立的提示範本，讓多個 AI 代理人自行採取行動。

2. 代理人會自行將步驟 1 產生的行動計畫分成 5 到 15 分鐘的行動，再讓這些行動逐次反映於虛擬環境。

3. 代理人會從行動結果、環境接受回饋。來自環境的回饋稱為觀測（Observation），指的是代理人觀測的狀況（例如：冰箱空無一物），或是其他代理人的行為（例如：約翰向艾迪搭話），或是代理人其他的所見所聞。這些行動與觀測結果，會依序存入後面介紹的「記憶串流」（Memory Stream）向量資料庫。

4. 代理人會定期從記憶串流向量資料庫讀取最近的記錄，進行內省（Reflection）。要求代理人內省的提示範本如下：

> **給AI代理人「克勞斯穆勒」的提示詞**
>
> 希望大家注意的是,在開始模擬之後,給AI代理人的提示詞來自模擬器,不是來自人類這點。
>
> 克勞斯穆勒的相關描述
> 1. 克勞斯穆勒正在撰寫研究論文。
> 2. 克勞斯穆勒喜歡閱讀都市重新開發的相關書籍。
> 3. 克勞斯穆勒正與艾夏康談論運動。
>
> 從上述的描述能夠導出五個高層次的洞察嗎?
> (格式範例:洞察的內容(基於1、5、3這些理由))

　　帶有編號的描述從記憶串流向量資料庫讀取的內容。比方說,模型根據這些內容進行了下列的內省:

> **模型的回答**
>
> 克勞斯穆勒正專心地研究都市重新開發計畫(基於1、2、8、15這些原因)

　　這不是單純事實的描述,而是根據過去的事件演繹與整合的知識。這種內省結果也會存入記憶串流向量資料庫。

5. 視情況更新行動計畫。比方說,代理人觀測到對話之後,會接受到下列的提示詞:

> **AI代理人「林艾迪」接收的提示詞**
>
> 2023年2月13日下午4點56分。
>
> 林艾迪的狀態：艾迪在學校周邊散步。
> 觀測：約翰與艾迪對話
> 1. 林約翰是林艾迪的父親。
> 2. 個性體貼的林約翰想進一步知道林艾迪在學校的活動。
> 3. 林約翰知道林艾迪正在作曲。
>
> 對話紀錄：
> 約翰：艾迪，班上的作曲專案進度如何了？
>
> <u>艾迪會如何回應約翰呢？</u>

上述有編號的部分是從記憶串流向量資料庫讀取的記錄，這些記錄也都與現況有關。此外，由於目前正在對話，所以在結尾處插入對話紀錄以及要求繼續對話的提示詞（標示底線部分）。

如果「觀測」的結果不是對話，而是於周遭發生的活動，就不會在結尾插入要求回答的提示詞，而是會插入下列這種要求採取下一步動作的提示詞：

> 艾迪是否該對「觀察」結果有所反應？如果有反應，又該如何反應？

「觀測」的部分會轉換成參數，視情況插入適當的文字。

在行動計畫更新之後，又會回到步驟 2。

這個架構有三個重要元素：

1. 記憶串流向量資料庫：屬於長期記憶的機制，會儲存代理人的對話與經驗，還會以向量格式儲存所有活動的時間軸。
2. 內省：從記憶串流向量資料庫讀取與輸入資料高度相關的記憶，再透過大型語言模型摘要與整合，最終再將結果存入記憶串流向量資料庫。
3. 行動計畫：透過大型語言模型將目前的狀況與內省的結果轉換成高階的行動計畫，然後拆解成具體的對話與更細膩的行動。

上述三點都是讓大型語言模型的力量發揮至極限，同時又精心設計了後設認知機制與記憶機制。擁有這些機制的多個代理人會互相交流，各自累積屬於自己的經驗，再根據這些經驗與內省的結果產生與自己或他人有關的各種決定。

有報告指出，在利用這種生成式代理人的模擬過程之中，代理人會透過人際關係與對話擴張資訊，自行產生情人節計畫這類活動，這真是讓人目眩神迷又感到驚豔與充滿說服力的成果。

話說回來，在電腦遊戲的世界裡，除了玩家操縱的角色

之外，還有所謂的非玩家角色（Non-Player Character，縮寫為 NPC）。非玩家角色是為了讓虛擬世界更熱鬧而設置的角色，通常只會說出預設的台詞，或是依照程式行動而已。就運算法的角度來看，生成式代理人與 NPC 或許沒什麼不同，但是顧名思義，生成式代理人能自行產生行動的同時，還能貼近我們人類的思考模式，我們能在這個過程中窺見某種**創造力**。利用大型語言模型打造的 NPC 或是 AI 遊戲管理者今後應該會普及。

除了生成式代理人之外，還有類似的手法。比方說，利用多代理人 AI 模型建置軟體開發公司，讓模型自行開發軟體的框架 ChatDev [10] 就是其中一種。這種框架會讓 AI 代理人擔任建置公司組織的 CEO、CTO、經理、程式設計師，然後一邊交流，一邊開發滿足需求的軟體，也是一種充滿野心與未來感的研究。到底由 AI 代理人經營的虛擬企業負責開發軟體的未來會不會真的到來呢？

ChatGPT 在 2022 年 11 月讓全世界為之震撼，而多代理人 AI 模型則是在不到一年的時間，也就是於 2023 年（生成式代理人於 4 月發表，ChatDev 於 7 月發表）發表。不禁讓人覺得由自律型 AI 代理人經營的虛擬人工社會似乎已經進入技術層面的射程了。

---

10 Communicative Agents for Software Development by Chen Qian, Wei Liu, Hongzhang Liu, Nuo Chen, Yufan Dang, Jiahao Li, Cheng Yang, Weize Chen, Yusheng Su, Xin Cong, Juyuan Xu, Dahai Li, Zhiyuan Liu, and Maosong Sun (arXiv.2307.07924/2023) https://doi.org/10.48550/arXiv.2307.07924

5

第 6 章

AI 代理人和社會

6-1 AI 代理人的自律性

6-2 AI 代理人的社會性

6-3 嶄新的資訊生態系

本書在第 1 章提到，大型語言模型這種創新的技術問世後，我們的生活與工作型態受到了哪些影響，第 2 章則介紹了應用大型語言模型所需的核心技術「提示工程」，第 3 章與第 5 章則介紹了輸入具體提示的技術。

　　第 5 章介紹了超越語言的提示，以及儲存記憶、存取記憶的方法與技術。比方說，應用模型外部的領域知識的 RAG，或是讓模型儲存專屬的經驗與內省結果，再產生行動的 LLM-as-Agent 都是這方面的典範。

　　如果 AI 代理人能夠擁有自己或是與這個世界有關的長期記憶或經驗，而且還能透過語言能力整合這些記憶或經驗，然後擬定行動計畫與做出決策，其中必定蘊藏著無限的可能性。

　　本書的最終章要請大家稍微跳出具體提示製作技術這個框架，天馬行空地想像一下 AI 代理人對我們人類的意義，以及我們人類應該具備哪些新能力與態度。

6-1

AI代理人的自律性

何謂自律性

我們在第 5 章 5-4 節 LLM-as_agent 得知，擁有**自律性**（autonomy）的 AI 代理人能自行發話、行動，了解環境與其他代理人，也能解決問題。

所謂的自律性是指，個體在沒有外部的指示或控制之下，能夠憑著自己的意志或決定採取行動的能力，最明顯的例子就是生物，而最明顯的反例就是機械，這也是自然物與人造物的對比關係。生命會隨心所欲地行動，機械卻由人控制。有些科幻小說會將具有自律性的機械描寫為機器人[1]。在小說之中的他／她擁有自己的意識與情緒，也能模仿人類的動作，但這終究只是小說，到目前為止，還沒有機械能像生物一樣擁有

---

1 「機器人」一詞源自卡雷爾・恰佩克（Karel Čapek）的舞台劇《R.U.R.》，而以這部舞台劇為題材的人工生命研究者散文集《R.U.R. 和人工生命的願景》（暫譯，原書名 *R.U.R. and the Vision of Artificial Life*），卡雷爾・恰佩克著、吉特卡・切克瓦（Jitka Čejková）編，MIT Press，2024年；生命的自律性在人工生命研究領域是相當熱門的主題。

自律性。

那麼最近已於家庭普及的圓盤型掃地機器人又如何呢？全世界首例的圓盤型掃地機器人是人工智慧機器人研究學家羅德尼・布魯克斯（Rodney Allen Brooks）創立的美國企業 iRobot 開發的 Roomba[2]。Roomba 可以在沒有任何具體的指示下，一邊避開地面的障礙物，一邊清掃房間的每個角落，而且快要沒電時，還能自動回到充電站充電，所以 Roomba 算是具有高自律性的機械，只不過這種自律性只能在特殊的環境下發揮，Roomba 無法視情況移動椅子或是小東西這類妨礙打掃的物品。

筆者想介紹的自律性是稍微高階的自律性。比方說「能在初次造訪朋友時，代替朋友泡杯咖啡[3]」的自律性，或是能在其他複雜情況下發揮的自律性。所謂的自律性是有等級之分的，並非只有 0 與 1 這兩種等級。

大型語言模型的自律性

那麼，大型語言模型的自律性呢？

如果能夠建置自律性 AI 代理人的話，或許 AI 代理人真的能夠成為我們的個人助理＝代理人，幫助我們回覆社群媒體的

2　於2002年開始銷售。
3　這句話因 Apple 共同創辦人沃茲尼克（Stephen Gary Wozniak）提出的沃茲尼克測試（Wozniak test）而廣爲人知。這是測試人工智慧是否達到通用程度的測試。要完成這項工作必須能夠正確分類廚房或客廳這類未知的格局，找到需要的道具，再盡可能依照朋友的生活習慣推測理想的步驟。

貼文或是電子郵件。成為能夠模仿個性、文風，適時產生回應的存在。如此一來，就能在我們很忙碌時，幫忙我們回禮給必須立刻回禮的對象。話說回來，也不能將一切都交給 AI 代理人，因為回禮必須誠心誠意，我們人類還是得對代理自己的 AI 代理人所發出的感謝狀予以承認，也就是說，人類還是要得扮演下達「請透過這個感謝狀表達我由衷的感謝」這種指示的角色 [4]。第 1 章也提到，今後或許能透過自然語言要求 AI 自動產生程式，而「程式設計」有可能會轉型由人類確認這種自動產生的程式是否正確的行為，社會與人際關係的交流也有可能產生類似的變化。

顧及彼此關係以及狀況的進階交流與在朋友家煮咖啡一樣，都是非常複雜的工作。一如 ReAct、Reflexion、生成式代理人的範例所述，要執行複雜的工作，模型就必須能夠辨識自己的狀態、身處的環境，以及擁有後設認知。此外，又如 RAG 的章節所述，有時候也得存取更新的資訊，或是利用各種軟體與硬體蒐集資訊，或是與環境產生互動。到目前為止的研究指出，大型語言模型已能在這些場景妥善處理輸入與產出的資訊，還能擬定具有意義的行動計畫。

當大型語言模型成為整合多種系統的角色，就能在更加複雜與龐雜的環境之中，產生具整合性的行動（執行行動的命令），而這也是獲得高階自律性的不二法門。

4　點擊就能完成的操作。

封閉的世界

利用大型語言模型獲得後設認知的手段之一就是將產出結果當成輸入資訊，然後重新進行評估。這種以迴的方式將產出結果當成輸入內容使用，自己參照自己的模型一旦啟動，就有可能實現某種閉環式的運作模式，完全不需要人類從外部給予提示詞。換句話說，只要給予「初始的提示詞」（比方說，聖經創世紀的「要有光」），之後模型的輸出結果就會成為提示詞再輸入模型，原則上，模型會不斷地執行這個產出再輸入的循環。

因此，擁有高階自律性的 AI 代理人不需要我們人類給予指令，它們能夠一邊自問自答，一邊無限地拓展思維，而就這層意義來看，擁有自律性的大型語言模型是「封閉」的。

其實我們的「夢」也是一種「封閉」的環境。人類在做夢時，就算沒有視覺資訊，也會產生「看見」東西的體驗，因為此時大腦處理的不是透過感覺器官輸入的資訊，而是處理自產自銷的資訊。

做夢時，夢裡的一切雖然都不符合物理定律或因果關係，但是「故事」卻還是會不斷延續。當我們夢見自己飛在天空時，雖然這件事不符合物理定律，但是我們之所以會覺得不可思議，全是因為我們了解物理定律。換句話說，就算是夢中的世界，仍然部分符合我們熟知的現實世界的規律。

做夢時的意識狀態與模型自我參照的狀態，都屬於某種

與隔絕外界的內在體驗。當 AI 代理人一邊參照擁有的記憶或是動作流程，一邊以自己參照自己的方式產出與輸入資訊，或是與其他的 AI 代理人對話，就能踏上一趟沒有盡頭的旅程。對我們來說，所謂的幻覺就是不合理的現象，但是對 AI 來說，幻覺卻是源自內部知識與推論的結果，所以在 AI 眼中，所謂的幻覺現象就是事實。

從 AI 代理人擁有能適應複雜狀況的高階自律性，以及不需要外界資訊這點來看，AI 代理人的自律性與生命的自律性雷同。這種高階的自律性能為我們人類創造何種價值呢？

6-2

AI代理人的社會性

不負責任的AI

我們會預設別人擁有所謂的自律性，會預測對方的行為，期待對方產生特定的反應。比方說，我們去便利商店時，我們會預設店員具有自律性，也不會懷疑他們能不能夠負責結帳。這純粹是因為我們人類共享了道德或是習慣這類規則，而這些內建於我們心中的道德與習慣也是這世界眾多規則的其中一種。

除了道德與習慣之外，這世界還有許多規則或定律，比方說，物理定律、各種法律、市場原理、game[1]，各種被視為社會常識的事情都是其中之一，不管這些規則或定律是否寫成白紙黑字，這些名為系統的各種機制背後，都有維持系統秩序

---

[1] 這裡說的game是指應用數學的賽局，不是桌上遊戲、打電動這類娛樂遊戲。簡單來說，賽局就是自己的利益會受到他者行動影響的狀況，以及在這類狀況做出的決策。

的規則存在。

大型語言模型會從各種資源蒐集文字資料，再根據這些文字資料的規則或定律學習人類產生語言的流程。這就是大型語言模型能在零樣本的模式下，自然而然回答人類問題的理由。我們人類的邏輯、價值觀，以及具有一定相容性的世界在模型之中存在，我們可利用我們了解的語言觀察這個在模型之中存在的世界。

因此，AI代理人在應用人類邏輯這點是有趣的。儘管模型是透過機率產生結果，但是這結果卻不是隨機的，也不是胡亂編造的。不過，一如在第4章4-3節「退一步提示模式」的結尾所稍微提到的內容，AI代理人其實不「理解」規則與定律，換句話說，他們並未「融入」現實世界。這裡說的「融入」是指「具有責任感，與現實世界產生連結」的意思，也是一種將自己某種重要的事物獻給世界的交流。AI代理人對自己說出的詞彙以及對應的行動，是不負責任的。

猶如外星人的AI

擁有高階自律性的AI代理人的一舉一動無法融入現實世界這點，讓AI代理人在人類眼中變成某種「外星人」。

前面提過，大型語言模型不像人類，無法實際了解產生的內容，這與人類的思考形成強烈的對比。我們通常能夠了解

自己的想法是如何形成的，而思考流程也於意義理解[2]扎根。因此，在思考過程中形成的想法或是結論會自然而然化為語言。不過，大型語言模型的推論缺乏類似內省的自我認知與體驗，也與任何一種意義理解無關。

如同前述，幻覺也是 AI 的某種現實，而要讓 AI 眼中的現實接近我們認知的現實，就必須消弭這兩種現實之中的落差。

前面介紹的後設認知提示模式或是退一步提示模式，就是細分意義理解與工作的步驟，讓這些結果化為語言的處理。使用這類提示就能回溯推論的根據或是站在至高點俯瞰整個流程。不過，這充其量是一種由人類設計的應急方案，不是模型自行執行的解決方案。

這個特徵讓人不禁想起美國理論物理學家費曼[3]（Richard Phillips Feynman）知名的警世名言：

What I cannot create, I do not understand.
（我無法創造的東西，我就無法了解。）

大型語言模型雖然能夠產生文章，卻無法了解產生文章

---

[2] 這裡說的「意義理解」是指伴隨著**體化認知**（Embodiment）的意思。所謂的體化認知指的是從感官的（視覺、聽覺、觸覺）、空間感的（上下前後的感覺）、運動的「走路、持有」經驗得到資訊後，整理成**知覺**（perception），也就是整理成具有意義的經驗的能力。抽象的符號操作或許就帶有不具體化知的意義理解。不過筆者認為，要在現實世界即時產生適切的行為，就必須具備與現實世界緊密結合的感官資訊處理能力。

[3] 以物理學的教科書「費曼物理學」系列或是《別鬧了，費曼先生》聞名的美國物理學家，也是一位非常幽默的物理學家。1965年，因為為量子電動力學做出貢獻而獲頒諾貝爾物理學獎。

的過程，這就是「與理解無關的生成過程[4]」。如果費曼親眼看到現代的大型語言模型，又會留下什麼警世名言呢？

不論如何，大型語言模型無法理解產生過程這點或許正是大型語言模型令人感到不可思議之處，而這個差異也突顯了人類與 AI 在思考與理解這些方面的不同。

人類眼中的「外界」

我們人類的精神活動會在遇到意料之外的事物，或是未融入自身世界觀的新奇體驗而活化，簡單來說，就是會在接觸「外界」時變得活躍。與別人交流、接觸異文化或是大自然，一直是啟發人類的偉大存在。

那麼 AI 代理人呢？AI 代理人的一舉一動能帶給人類啟發嗎？AI 代理人能成為人類的創作夥伴，為人類呈現何種「外界」呢？

就現階段而言，以大型語言模型打造的聊天服務還太服從人類。人類輸入提示後，這類聊天服務通常會以安全又中立的回答為優先，不大會產出挑釁的言語，也缺乏多樣性。

此外，若只是將模型的產出結果重新輸入模型，也無法

---

[4] The Generative AI Paradox：" What it Can Create, It May Not Understand by Peter West, Ximing Lu, Nouha Dziri, Faeze Brahman, Linjie Li, Jena D. Hwang, Liwei Jiang, Jillian Fisher, Abhilasha Ravichander, Khyathi Chandu, Benjamin Newman, Pang Wei Koh, Allyson Ettinger, and Yejin Choi（arXiv：2311.00059/2023）
https://doi.org/10.48550/arXiv.2311.00059

提升模型的推論能力，這與不斷地近親交配[5]，導致後代身體出現殘缺的情況是相同的。如果用於學習的樣本過於侷限，就無法從根本更新推論的構造，也無法拓展模型的世界觀。

於是有人提出了**世界模型**[6]（World Models）」這個解決方案。這是 Google Brain 的 David Ha[7] 於 2018 年提出的強化學習手法，他提出了下列的問題：

Can agents learn inside of their own dreams？
（代理人能於自己的夢裡學習嗎？）

所謂的世界模型是指，代理人會在內部建立虛擬世界（就像是某種夢境），接著在虛擬世界進行高速訓練[8]時，適當地接受來自現實世界的回饋，藉此提升學習效率的模型。就未與現實世界完全斷絕聯繫，卻又不受現實世界束縛的這點而言，相當於禪的「半眼[9]」的概念[10]。

5　一般認為，生物近親交配會導致基因缺少多樣性，造成免疫力下降或是不利於生存的隱性基因會比較容易出現，導致罹患遺傳性疾病的風險上升。
6　出處：https://worldmodels.github.io/
7　2023年8月設立株式會社 Sakana AI，目前隸屬於該公司。
8　比方說，要評估飛機的空氣動力時，若以流固耦合模擬器代替風洞實驗，就能大幅節省設計的時間與成本。此外，若使用飛行模擬機培訓機師，就能讓機師在安全無虞的狀態下，以及短期間之內在任何天氣、劇本之下接受訓練，累積不同的經驗。這種模擬技術與設計、訓練的相容性極佳。不過，前提是，模擬器能完美地重現現實世界。就某種意義而言，我們腦中的「現實」也是一種模擬器，若是能適當地升級，我們就能在現實世界採取更適當的行動。
9　理想的坐禪狀態。眼睛似開非開、似閉非閉，視線落在前方地板的狀態。
10　這篇論文提到了以第一人稱的殺敵遊戲Doom。代理人可根據遊戲畫面的視覺資訊以及控制器的資訊，學習遊戲之中的世界因為自己的行動產生了哪些熟化，以及在模型的內部建立一個模擬實際遊戲的虛擬世界。這個虛擬世界就像是某種實驗空間，讓代理人不斷地嘗試與失敗，最終得以發揮高於實際遊戲玩家的實力。

出處：Emergent Tool Use From Multi-Agent Autocurricula by Bowen Baker, Ingmar Kanitscheider, Todor Markov, Yi Wu, Glenn Powell, Bob McGrew, and Igor Mordatch (arXiv:1909.07528/2019)
https://doi.org/10.48550/arXiv.1909.07528

　　大型語言模型也能將自己視為某種世界模型。AI 代理人持續地應用來自現實世界的回饋，讓原本的世界模型不斷擴張，藉此讓世界模型與我們人類的現實世界愈來愈接近。

　　此外，OpenAI 於 2019 年發表的論文〈多代理人自動產生課程建立的創造力道具應用〉[11]（Emergent Tool Use From Multi-Agent Autocurricula）提到，當代理人在遵循物理法則的

11　參照：International Conference on Learning Repressentations
　　https://icir.cc/virtual_2020/poster_SkxpxJBKwS.html

3D 空間玩捉迷藏時，可透過強化學習的方式調整行為模式，而且 OpenAI 也展示了這個模型。

這裡說的「自動產生課程」是指自動產生與調整學習內容（課程內容）的系統。這種方法能在人類干涉降至最低的情況下，靈活地調整學習過程，提升 AI 的學習效率。比方說，仿照人類從簡單的內容開始學，然後愈學愈難的過程，最終學會高階的策略，或是讓多個 AI 代理人互相競爭或協助，調整遊戲的難易度。

我們可在多代理人自動產生課程模型看到代理人為了不被其他代理人發現而躲起來，也能看到代理人搜捕其他代理人而創造的新行動。這種後設等級的創造力也可利用 AI 代理人進行實驗。

如果能透過計算與學習這類現代的方法論獲得生物在經過漫長的時間獲得的複雜性與知性，或許就能讓模型擁有接近生物的自律性與創造力。或許我們真能看到 AI 代理人成為人類創作夥伴的未來。如果 AI 代理人能為人類帶來前所未有的「外界觀點」，想必人類與 AI 共同創作的場域將會進一步擴張。

6-3

嶄新的資訊生態系

社會化的AI代理人

為了讓 AI 代理人不斷地獲得外部知識，成為社會化的 AI 代理人，就得讓 AI 代理人與人類互動。

今後我們人類應該會慢慢地把產生語言的工作委託給 AI 代理人，我們也將成為 AI 代理人與現實環境或是工作連接的介面。我們確認 AI 代理人的回答，讓 AI 代理人提供與我們的世界有關的新資訊。這裡的「確認」相當於在 AI 代理人產生或補充的文字或程式碼按下 Enter 鍵，宣布 OK 的動作，也有可能是精心設計的提示詞，更有可能是與 AI 代理人枯燥無味的日常對話。目前正有幾千萬到幾億的使用者每天透過 ChatGPT 與類似的服務進行這類互動。

在這個過程中，AI 代理人會愈來愈了解人類與人類社會，也能擔任人類的夥伴，幫助人類找出認知的盲點，成為決策的語言核心。這些 AI 代理人在吸收人類的知識與經驗之

後，透過高階的推論能力與產生能力整合這些知識與經驗，提供新的洞察與解決方案，幫助人類快速做出決定，讓我們的生活變得更舒適安全與便利。

如今我們正面對 AI 代理人社會化的重要過渡期。這些 AI 代理人不再只於技術層面進化，更透過與人類的互動成為全新資訊生態系的主力玩家。在這個過程之中，AI 將跳脫傳統的資訊處理框架，擔任更複雜、更具動力的社會角色。以 AI 代理人為主的環境不只提供技術框架，還會慢慢地轉型為讓 AI 融入現實社會的平台。這些變化也暗示著人類與 AI 一起成長，互相提供價值的新型資訊生態型即將誕生。

惡劣的AI代理人

為了應用大型語言模型的 API 或是框架陸續發表，自行建置 AI 代理人的技術門檻也因此愈來愈低。今後將會有更多不同的 AI 代理人誕生，在不同的場景介入人類之間的溝通。

不過，一提到這類自動化軟體，最先讓人想到的是從 2010 年開始愈來愈常見的網路機器人（Bot）。

所謂的網路機器人，是指能自動執行工作的軟體或程式。其中最具代表性的就是從 1990 年代初期的網路草創時期就活躍至今的網路爬蟲（替搜尋引擎自動蒐集網頁的機器人），這些機器人也負責整理網路上的資訊。到了 2010 年前後，社群媒體問世與普及，API 也跟著普及，網路機器人的應用範圍也急速擴張。當相關的 API 公開，開發者就能替特定網路服

務或軟體量身打造網路機器人[1]，自動化工作的範圍也跟著擴張。社群媒體也已經有許多能自行投稿或是回覆貼文的網路機器人。

網路安全企業 Imperva 的 2022 年報告指出，全世界的網路流量有三成來自惡劣的網路機器人。

> 這些惡劣的網路機器人擁有前所未有的躲避能力，也不斷地模仿人類的行為，所以愈來愈難偵測與杜絕它們。
> （從 Imperva 公司的報告節錄，由筆者自行翻譯）

此外，有報告指出差不多從 2017 年開始，就有人利用影像生成 AI 這類深偽技術捏造圖片或是影片。

回顧這一連串的經過，不難想像今後將會出現更多假新聞、假身分以及惡劣的 AI 代理人。

人類與 AI 共生

當 AI 代理人於社群媒體的溝通生態系普及，**回聲室效應**（Echo Chamber）這類問題也產生異變。

回聲室效應指的是意見或興趣相近的人，透過篩選的方式排除異己，認為自己的想法才是唯一正確的現象。這會讓社會更加分裂，也會讓黨派更加對立。

---

[1] 利用「混搭」（mashup）這種 API 串聯服務的趨勢，也差不多是在這個時候開始。

至於由惡意的第三者散播的假新聞若是透過 AI 篩選，恐怕情況只會愈演愈烈。不過，回聲室效應並非這類惡意的行為，而是我們根據自己的喜好所產生的知識，所以是結構性的問題。如果有機會接觸模仿人類，服從我們卻又很「聰明」的 AI 代理人，這個傾向就會加速形成。我們有辦法設計出破解這一切，宛如外星人的 AI 代理人嗎？

　　耶魯大學博士白土寬和（Hirokazu Shirado）[2] 曾設計了一個很特別的實驗[3]。這個實驗設計了一個具有 20 個節點的網路，並且請這個網路之中的參加者（人類與網路機器人）幫忙最佳化整體網路。參加者可從三種顏色之中選擇一種顏色，但只能看到與自己直接鄰接的參加者的顏色。參加者可以自行選擇自己的顏色，而這個實驗的目標是讓所有彼此相鄰的參加者是不同的顏色。至於整體最佳化的效率則由達到目標所耗費的時間測量。因此，參加者可在看到鄰居的顏色之後，選擇自己換顏色，或是等待鄰居換顏色。此時會產生所謂的賽局狀況，沒有人知道自己的行為是否有助於整體最佳化。實驗結果發現，具有微幅隨機性的網路機器人能夠透過改變顏色的行為，讓網路擺脫局部最佳化狀態，快速達成整體最佳化的狀態。這個實驗告訴我們，就算是沒那麼聰明的 AI 代理人，從整體最佳化的角度來看，依舊能夠有效地運作。

2　2025年6月之際，任教於卡內基美隆大學電腦科學學院人機互動研究所。
3　Locally noisy autonomous agents improve global human coordination in network experiments by Hirokazu Shirado and Nicholas A. Christakis (*Nature* Vol. 545, p.370-374/2017) https://www.nature.com/articles/nature222332

換句話說，配置在社會集團之中的機器人，可扮演潤滑劑的角色，提升整體社會的效能。

另一方面，人類是否能包容這些做出干擾行為的 AI 代理人？

比方說，在有兩條路線能於相同時間抵達目的地的情況下，若沒有任何資訊，人類會憑著直覺隨便選擇其中一條路，結果兩條路的車流量大概會是一半一半，塞車也不會太嚴重。那麼，如果能夠即時知道交通資訊呢？此時許多人在出發時，一定會選擇車比較少的那條路。當所有人剛好都在相同的時間出發，所有車子就會湧入同一條路，也會發生嚴重的交通堵塞。換句話說，資訊讓整個集團的行為同步，導致整體的效能下降。因此，不公開資訊有時候反而是讓整體最佳化的手段。不過，就算這個理論成立，一旦我們嘗到了存取資訊的甜頭，就再也無法回去那個無法存取資訊的世界。同理可證，我們也必須想辦法讓每個人覺得做出干擾行為的 AI 代理人是好夥伴。

要讓 AI 代理人正面處理回聲室效應的問題，就必須了解各種觀點、意見以及這些觀點與意見的背景知識，從中找到某種平衡點，再試著整合這些觀點與意見。要達到這個目的，除了依照個人的興趣與信念提供資訊之外，還要提供新的觀點，讓我們的思考得以擴展，這可是非常困難的工作，所以我們不能將集團的多樣性視為單純的差異，而是要視為互相理解的基礎，也為了透過不同的觀點與解決方案解決課題，必須建立設計與維護 AI 代理人的學習策略的指南。

結語

自 ChatGPT 問世以來，幻覺、訓練資料的偏頗、捏造、看似科學卻不合理的特性，都是眾人注目的問題。儘管 ChatGPT 模仿了人類的價值觀、信念與思考方法，但是要讓代理人扮演從人類的「外界」調停的角色，還有許多技術問題與社會課題需要解決。話題總是往嚴肅的方向偏移。

不過，作為 AI 代理人核心的大型語言模型的推論能力與產生能力一定會大幅超越現在的程度，而且與我們人類的對話、與其他 AI 代理人的互動、進化的學習環境、各種應用程式與外部硬體的互動都會提升 AI 代理人的能力，讓它更能解決現實世界的課題。

這種 AI 代理人或許會與生物的自律系統類似，而且不僅能透過各種模式適應環境，還能盡情發揮創造力，自行修改規則。換句話說，AI 代理人除了理解語言與產出結果的能力會提升，還有可能在獲得自律性、體化認知以及社會化之後，進化成全新型態的人工智慧。這種進化將大幅改變人類與 AI 的關係，以及應用 AI 的方法，也將讓 AI 術進入全新的階段。

我聽說在美國西岸的科技業界之中，有不少人認為在不久的未來，**AGI**（Artificial General Intelligence，通用人工智慧）一定會誕生。只要親眼看到技術日新月異地創新，一定也會強烈覺得 AGI 將在不久的未來誕生，也會明日這些技術人

員如此積極地面對 AI 對齊問題的理由。在 AGI 實際誕生之前，除了得不斷地改革技術，也得不斷地思考，要到什麼地步才算是真正的通用人工智慧。不過，當我們試著想像 AI 代理人普及的社會，或是 **ASI**（Artificial Superintelligence，超人工智慧），人類自己也會默默地產生變化，AGI（能力與人類相當的人工智慧）的想法也有可能就此被遺忘。

謝辭

首先要感謝研究與實踐提示工程相關技術的研究人員，以及願意透過網路與書籍公開實用資訊的人。尤其本書介紹的許多提示模式，參考自懷特博士（Dr.Jules White）提供的「專為 ChatGPT 設計的提示工程」（Coursera）。

此外，也非常感謝筑波大學岡研究室的成員岡部純彌與岩橋七海，感謝他們給予寶貴的意見。多虧他們兩位敏銳的觀察力與具有建設性的批判，本書的品質才得以提升。在此由衷感謝他們。

此外，還要感謝長期從旁給予協助的翔泳社關根康浩，以及所有協助本書寫作的朋友，真的非常感謝大家。

最後還要深深地感謝購買本書的讀者，但願本書真能幫助各位進一步了解相關的知識。

岡瑞起
橋本康弘

國家圖書館出版品預行編目(CIP)資料

AI時代的提問力Prompt literacy：精準提問、正確下指令，善用AI的最大潛力！/ 岡瑞起, 橋本康弘合著；許郁文譯. -- 初版. -- 臺北市：經濟新潮社出版：英屬蓋曼群島商家庭傳媒股份有限公司城邦分公司發行, 2025.07
　　224面 ; 14.8X21公分. -- (經營管理；191)

譯自：AI時代の質問力 プロンプトリテラシー：「問い」と「指示」が生成AIの可能性を最大限に引き出す

ISBN 978-626-7736-03-6（平裝）

1.CST: 人工智慧

312.83　　　　　　　　　　　　　　　　114006988